防灾避险丛书

U0915551

洪涝

赵鹏飞 李吉奎 编著

南京出版传媒集团
南京出版社

图书在版编目（CIP）数据

洪涝 / 赵鹏飞，李吉奎编著. — 南京：南京出版社，2016.5
（防灾避险丛书）
ISBN 978-7-5533-1114-2

Ⅰ. ①洪… Ⅱ. ①赵… ②李… Ⅲ. ①水灾－灾害防治－青少年读物②水灾－自救互救－青少年读物
Ⅳ. ① P426.616-49

中国版本图书馆 CIP 数据核字（2015）第 266357 号

丛 书 名：防灾避险丛书
书　　名：洪涝
作　　者：赵鹏飞　李吉奎
出版发行：南京出版传媒集团
南 京 出 版 社
社　　址：南京市太平门街 53 号　　邮　　编：210016
网　　址：http://www.njcbs.cn　　电子信箱：njcbs1988@163.com
天猫 1 店：https://njcbcmjtts.tmall.com
天猫 2 店：https://nanjingchubanshets.tmall.com
联系电话：025-83283893、83283864（营销）　025-83112257（编务）

出 版 人：朱同芳
出 品 人：卢海鸣
责任编辑：凌　霄
装帧设计：睿通文化
责任印制：杨福彬

印　　刷：唐山新苑印务有限公司
开　　本：787 毫米 ×1092 毫米　1/16
印　　张：10
字　　数：150 千字
版　　次：2016 年 5 月第 1 版
印　　次：2018 年 9 月第 3 次印刷
书　　号：ISBN 978-7-5533-1114-2
定　　价：29.80 元

天猫 1 店

天猫 2 店

营销分类：科普　防灾

前言

我国是一个洪涝灾害频发的国家，每年都会有不同程度的洪涝灾害发生。在雨季，频繁的大范围暴雨，往往造成洼地积水，山洪暴发，江河水位陡涨，甚至河堤决口，水库垮坝，公路、铁路、水渠、桥梁被冲毁，农田受淹，给国民经济和人民生命财产造成重大损失。

虽然人类不可能完全消除洪涝灾害的不利影响，但是我们可以通过各种有效措施，积极努力地减少洪涝灾害给我们造成的损失。洪涝灾害的防治，除了需要政府和相关专业部门的努力外，还离不开每个人的参与。在遇到洪涝灾害或者在洪涝灾害易发区活动时，了解一些必要的自救常识，能够有效地帮我们逃离险境。

目录 CONTENTS

第一章

洪涝是怎么发生的

我国幅员辽阔，地形复杂，河流众多，季风气候十分显著。由于降水在季节上的分布极不均匀，全年降水大多集中在夏季和秋季，降水年际变化又十分明显，导致我国洪涝灾害频繁。

1.什么是洪涝

洪涝包括洪水和涝渍两种类型。洪水是特大地表径流不能被江河、湖库容纳，水位上涨而泛滥的现象，一般发生在以降水为主要补给的河流汛期。涝渍是洼地积水不能及时排除的现象，多发生在蒸发弱、排水不畅的低洼地。由于洪水和涝渍往往接连发生，在低洼地区很难区分开，所以将二者统称为洪涝。

洪水具有巨大的破坏力，可以直接摧毁建筑物和各类设施，造成人员伤亡和财产损失。涝渍的危害则主要体现在对农业的影响，由于地面径流不能及时排除，农田积水超过作物耐淹能力，积水深度过大、时间过长，使土壤中的空气相继排出，造成作物根部氧气供应不足，并产生乙醇等有毒有害物质，影响作物的生长，甚至造成作物死亡。

从气候因素看，洪涝集中发生在中纬度地区，主要是亚热带季风气候区、亚热带湿润气候区、温带海洋性气候区。从地形因素看，江河的两岸，尤其是中下游地区，是洪水的直接威胁区；低湿洼地容易发生涝渍。

就全球范围来说，洪涝灾害主要发生在多台风暴雨的地区。这些地区主要包括：孟加拉北部及沿海地区；中国东南沿海地区；日本和东南亚国家；加勒比海地区和美国东部近海岸地区。此外，在一些国家的内陆大江大河流域，也容易出现洪涝灾害。

2.什么是汛期

汛的含义是指定期涨水，即由于降雨、融雪、融冰，使江河水域在一定的季节呈周期性的涨水现象。

汛常以出现的季节或形成的原因命名，如春汛、凌汛、夏汛、伏汛、秋汛等。春季，气候转暖，江河流域内降雨、冰雪融化、河冰解冻汇流形成的涨水现象称春汛。因此时正值桃花盛开的时节，故亦称桃汛或桃花汛。在中国北方，把春季河冰解冻引起的涨水现象称为凌汛。夏季，江河流域内的暴雨或高山冰川和积雪融化，使河水急剧上涨，称夏汛。中国习惯上把发生在三伏①前后的汛水称为伏汛。秋季，降雨导致河水急剧上涨，称秋汛。

汛期是指由于流域内季节性降水、溶冰、化雪，引起江河定时性水位上涨的时期。我国汛期主要是由于夏季暴雨和秋季连绵阴雨造成的。从全国来讲，汛期的起止时间不一样，主要由各地区的气候和降水情况决定。南方入汛时间较早，结束时间较晚；北方入汛时间较晚，结束时间较早。一般来说，各流域的主汛期多集中在每年七月的中、下旬和八月的上、中旬。

根据降雨、洪水发生规律和气象成因分析，我国七大河流汛期大致划分如下：珠江为4~9月，长江为5~10月，淮河为6~9月，黄河为6~10月，海河为6~9月，辽河为6~9月，松花江为6~9月。

①三伏：三伏的时间由节气的日期和干支纪日的日期相配合来决定的。我国传统的推算方法规定，夏至以后的第三个庚日、第四个庚日分别为初伏和中伏的开始日期，立秋以后的第一个庚日为末伏的第一天。庚日是干支纪日中带有“庚”字的日子。

汛不一定会形成洪涝灾害，但洪涝灾害一般都发生在汛期。汛期往往是一年中降水量最大的时期，容易引起洪涝灾害。因此，应该做好防汛工作。

3.洪水的三要素都是什么

洪水的大小通常用洪峰流量、洪水总量及洪水过程线来定量表述，称为“洪水三要素”。

当流域内发生暴雨或融雪产生径流时，会依其远近先后汇集于河道的出口断面[①]处。当近处的径流到达时，河水流量

①出口断面：指对某一流域而言，地表径流和地下径流流出流域边界的断面。

开始增加，水位相应上涨，这时称洪水起涨。

及至大部分高强度的地表径流汇集到出口断面时，河水流量增至最大值，称为洪峰流量，其相应的最高水位，称为洪峰水位。

到暴雨停止以后的一定时间，流域地表径流及存蓄在地面、表土及河网中的水量均已流出出口断面时，河水流量及水位回落至原来状态。洪水从起涨至峰顶再到回落的整个过程流出的总水量称洪水总量。

如在方格纸上，以时间为横坐标，以江河的水位或流量为纵坐标，用曲线记录洪水从起涨至峰顶再到回落的整个过程，绘制成的过程曲线，称为洪水过程线。

通过洪水过程线可以看出，洪水过程中间高、两头低，形似山峰，故称为洪峰。

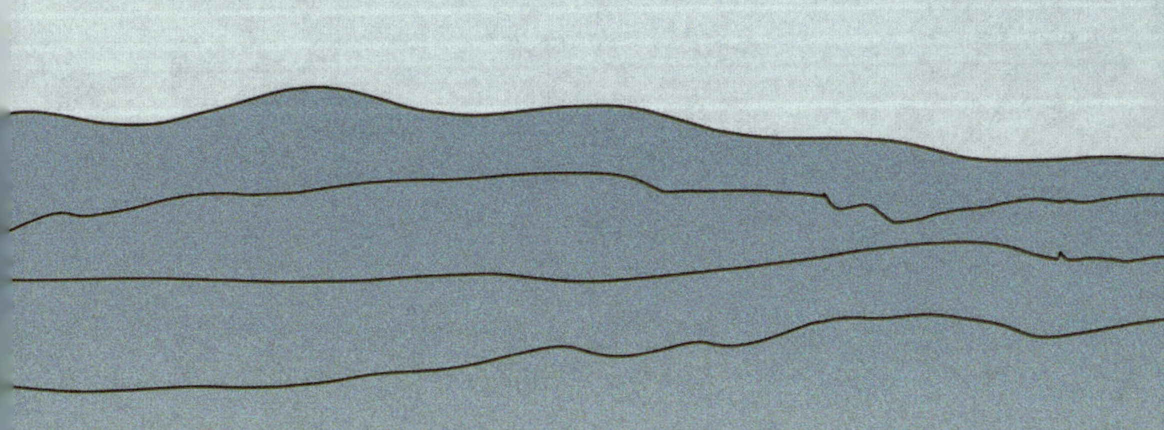

4.我国洪水的主要类型有哪些

我国是世界上洪水灾害频繁而严重的国家之一。洪水灾害不仅范围广、发生频繁、突发性强，而且造成的损失大。据统计，洪水灾害造成的经济损失和人员伤亡，在各种自然灾害中居第一位。

我国洪水灾害主要有暴雨洪水、融雪洪水、冰凌洪水、溃坝洪水等几种类型。

暴雨洪水

暴雨洪水是最常见且威胁最大的洪水。它是由强度较大的降雨形成的，简称雨洪。暴雨洪水是影响我国范围最广、时间最长、危害最大的洪水灾害。

我国暴雨洪水的时空分布与暴雨的时空分布存在着高度一致性，主要集中在大兴安岭—阴山—贺兰山—六盘山—岷山—横断山以东区域，特别是长江、淮河、黄河、珠江、海河、辽河、嫩江、松花江等江河的中下游平原地区，其次是四川盆地、关中地区以及云贵高原的部分地区。

融雪洪水

融雪洪水是由积雪融水和冰川融水形成的洪水，主要分布在西部和东北部高纬度山区，以阿尔泰山、天山、喀喇昆仑山、祁连山、喜马拉雅山等地区比较严重。受气温影响，融雪洪水一般发生在每年的4~5月，冰川融水形成的洪水主要发生在7~8月。

冰凌洪水

冰凌洪水是冰川或河道积冰融化形成的洪水。我国冰凌洪水主要发生在黄河上游的宁夏、内蒙古河段和部分下游河段，其次发生在松花江的部分河段。

溃坝洪水

溃坝洪水则是由于大坝或其他挡水建筑物发生瞬间溃决，水体突然涌出，从而形成的洪水。溃坝洪水虽然范围不大，但破坏力极强。

5.如何衡量洪水的大小和等级

和世界上任何东西一样，洪水也有大小之分。科学衡量洪水的大小对于防洪调度、管理决策有着重要意义。一般来说，衡量洪水大小有以下几种方法。

习惯衡量法

习惯上根据历史洪水资料，并考虑堤坝的防洪能力，一般将洪水大致分为大、中、小三种情况。当洪水超过历史纪录时，习惯上称为历史大洪水，亦有根据洪水的量级过大，称为特大洪水；也有按江河、湖泊、水库的警戒水位、保证水位（或相应流量）等指标，表示洪水的量级大小。

频率衡量法

根据降水量、洪峰流量等观测调查资料，按其出现的频率，来衡量洪水的大小和等级。洪水频率常以“%”表示，一般采用0.1%、1%、10%、20%来衡量不同量级的洪水。洪水频率越小，表示某一量级以上的洪水出现的机会越少。如，洪水频率为1%，则为百年一遇的洪水。

重现期衡量法

重现期衡量法是指某量级的洪水在很长时期内平均多少年出现一次。如某一量级的洪水重现期为百年，是指这个量级的洪水在很长时期内平均每百年出现一次的可能性，但不能理解为每隔百年出现一次。实际情况是这种洪水可能100年内不止出现一次，也可能一次都不出现。

结合我国的江河防洪能力，对洪水的量级一般划分如下：

重现期为5年以下的洪水，为小洪水；

重现期为5~20年的洪水，为中等洪水；

重现期为20~50年的洪水，为大洪水；

重现期超过50年的洪水，为特大洪水。

6.我国主要江河流域洪涝灾害的成因

我国的主要江河流域包括长江流域、黄河流域、淮河流域、海河流域、珠江流域、松花江流域、辽河流域和太湖流域。各流域洪涝灾害的成因如下。

长江流域

长江流域的洪水主要由暴雨形成，洪水出现时间为5~10月，七八两个月最为集中，一般中下游早于上游，南岸支流早于北岸支流。在正常年份，干流洪峰可以先后错开，不致酿成大灾。如果各支流洪水出现的时间比正常情况提前或推后，上下游、南北岸各支流洪水在干流遭遇重叠，就可能形成范围广、历时长的全流域性特大洪水。

黄河流域

黄河以泥沙多而闻名于世，黄河下游年平均输沙量为16亿吨，其中1／4淤积在河道水库中，河床平均每年淤高5~10厘米，使得堤顶高出背河地面7~10米，成为世界上有名的“悬河”。

黄河洪涝灾害是由黄河洪水、泥沙特点所决定的，也是黄河历史演变的结果。据历史文献记载，黄河自公元前602年~公元1938年的2 540年中，决口泛滥的年份有543年，决溢次数达1 590余次，重要改道26次，曾经有7次大河道迁徙，对黄淮平原水系、地貌的变化产生了极大的影响。

淮河流域

1128年以前，淮河是一条独流入海的河流。那时，淮河水系河槽既低且深，河道排水通畅，洪涝灾害较轻。1128~1855年黄河向南改道，夺淮入海，遂将淮河水系分为淮河与沂沭泗水两个水系。黄河决口泛滥，使淮北各支流及淮河干流的下游不断淤积抬高，泄水不畅，中游形成一些湖泊洼地，洪涝灾害不断加重。1855年黄河北徙后，防洪困难形势遗留了下来，加上地处我国南北气候过渡带，降雨很不稳定，以上种种因素造成淮河流域时有洪涝灾害发生。

淮河全流域性的大洪水，一般由梅雨①形成，局部地区

①梅雨：指我国长江中上游地区、台湾省等地，每年6月中下旬至7月上旬之间持续阴天有雨的气候现象，此时段正是江南梅子的成熟期，故称之为“梅雨”。

的大洪水往往由台风、暴雨形成。淮河流域6~8月为汛期，7月份出现大洪水的机会最多。由于黄河夺淮的结果，形成了洪泽湖和中游一系列湖泊洼地，坡陡流急；中游河道特别平缓，洪水来量集中，泄水缓慢；下游洪泽湖形成“悬湖”，对广大平原地区造成威胁。

海河流域

海河流域包括漳卫河、子牙河、大清河、永定河、潮白河、蓟运河等水系，此外还包括直接入海的徒骇河、马颊河、黑龙港和运东等平原排水河道。海河流域是我国暴雨频繁、暴雨强度和年际变化[①]最大的地区之一。海河各水系呈扇形分布，各支流的上游都位于暴雨最为集中的燕山和太行山区，洪水集流快，峰高量大。历史上平原河道长期受黄河的袭扰破坏，受南北大运河的束缚限制，水系紊乱，洼淀淤塞湮废，河道泄洪能力上游大、下游小，洪水涝水缺乏足够的出路，经常决口泛滥，虽然各河系在平原地区形成许多湖泊洼淀滞蓄洪水，但仍造成洪涝灾害。

①年际变化：指某一地理事物的量在年与年之间的变化，如降雨量的年际变化、河流流量的年际变化等。

珠江流域

珠江流域由西江、北江、东江和珠江三角洲诸河四个子流域组成。其中珠江三角洲是洪涝灾害最集中、最严重的地区。

珠江流域的洪水主要由暴雨形成，4~7月为前汛期，8~9月份为后汛期。暴雨分布面广，雨量多，强度大，容易形成峰高、量大、历时长的洪水。北江、东江最大洪水常出现在5~7月，一次洪水历时7~15天。西江最大洪水多出现在6~8月，一次洪水历时30~45天。西江洪水是珠江三角洲洪水的主要来源。

松花江流域

松花江是黑龙江流域在中国的最大支流，四周环山，中部为开阔平原。该流域洪水主要由暴雨形成。最大洪水多发生在7、8月份，4月份还会出现冰凌洪水。暴雨在长白山西侧的浅山丘陵区和大兴安岭东南侧的台地比较集中和频繁。松花江干流洪水年际变化都较大。

辽河流域

辽河流域暴雨洪水主要发生在7、8月份，辽河下游平原和辽河东侧支流是暴雨中心地区，西北部山区为暴雨低值区。辽河流域洪水特性是峰高、量小、历时短。辽河流域洪水灾害主要发生在辽河干流和浑河、太子河中下游平原地区。

太湖流域

太湖流域位于我国东部长江三角洲，流域面积36 895平方千米，涉及江苏省南部、浙江省北部、上海市及安徽省的部分地区。受季风气候影响，太湖流域年平均降雨量为1 177毫米，主要集中在夏季。流域平原面积占80%，地形呈周边高、中间低的碟形，河道比降平缓，流速很慢，故泄水能力小。每遇暴雨，河湖水位暴涨，泄水不畅，高水位持续时间长，极易酿成洪涝灾害。

7.什么是涝渍

涝渍包含涝和渍两部分。涝是雨后农田积水，超过农作物耐淹能力而形成；渍主要由于地下水位过高，导致土壤水分经常处于饱水状态，农作物根系活动层水分过多，不利于农作物生长，而形成渍灾。但涝和渍灾害在多数地区是共存的，有时难以截然分开，故而统称为涝渍灾害。

我国涝渍灾害主要分布在东北三江平原、华北平原、江汉平原及南方部分地区。这些地区地势低洼，受季风气候影响，暴雨集中，又加之人口稠密，经济较发达，往往受灾较重。

涝渍的成灾原因包括自然因素和人为因素两个方面。

自然因素

天气条件是发生涝渍灾害的主要原因。灾害的严重程度往往与降雨强度、持续时间、一次降雨总量和分布范围有关。

土壤质地、土层结构和水文地质条件与涝渍灾害也有密切关系。土质粒重的土壤，渗透系数小，土壤中的水分难以排出，形成过高的地下水位与浅层滞水，土壤地下水易升不易降则易形成涝渍灾害。

地表径流能否及时宣泄，直接影响涝渍灾害的轻重，地表径流的大小和滞留时间长短与地形地貌关系十分密切。如南方地区，沿江、沿河或滨湖平原、洼地和圩区，地势低洼，受河流洪水顶托，排泄不畅，排降地下水则更为困难，因而易产生涝渍灾害。

人为因素

盲目围垦[①]和过度开发大大增加了涝渍灾害的发生。以东北三江平原为例，1949年易涝易渍面积为32.5万公顷，由于盲目围垦，垦区排水标准过低，1965年增加到52.1万公顷，至1990年，涝渍面积高达221.5万公顷。

在人类活动比较密集地区和城市化地区，由于水资源短缺，常常出现过度开采地下水造成地面沉降的状况，使涝渍灾害加剧。如江苏苏锡常地区[②]超量开采地下水引起地面沉降，形成了多个沉降中心，累计最大沉降量在1米以上。在1991年洪涝灾害中，积水深度、淹没时间都超过邻近地区。

①围垦：指在沿江、滨湖或沿海滩地上建造围堤，阻隔外水进行垦殖的工作。滨湖围垦叫作“围湖造田”；海滩围垦叫作“围海造田”。

②江苏苏锡常地区：传统意义上的苏南，指苏州、无锡、常州三个市，简称“苏锡常”。

8.涝渍的类型有哪些

根据地形、地貌涝渍大致可划分为平原坡地型、平原洼地型、水网圩区型、山区谷地型、沼泽湿地型等几种类型。

虽然天气条件是发生涝渍灾害的主要原因，但是涝渍的形成与地形、地貌、排水条件等密切相关。

平原坡地型涝渍

平原坡地型涝渍主要分布在大江、大河中下游的冲积平原或洪积平原。这些区域地域广阔，地势平坦，虽有排水系统和一定的排水能力，但在较大降雨的情况下，往往因坡面漫流或洼地积水而形成灾害。

我国属于平原坡地型涝渍的地区主要有淮河流域的淮北平原，东北地区的松嫩平原、三江平原与辽河平原，海滦河流域的中下游平原，长江流域的江汉平原等。

平原洼地型涝渍

平原洼地型涝渍主要分布在沿江、河、湖、海周边的低洼地区，其地貌特点近似于平原坡地，但因受河、湖或海洋高水位的顶托，丧失了自排水能力或排水受阻，或排水动力不足而形成灾害。

我国沿江洼地如长江流域的江汉平原，受长江高水位顶托，形成湖北省平原洼地总面积达127.2万公顷；沿河洼地如海河流域的清南、清北地区，处于两侧洪水河道堤防的包围之中，形成易涝耕地达64.3万公顷；沿湖洼地如洪泽湖上游滨湖地区，自三河闸建成以后由于湖泊蓄水而形成洼地。

水网圩区型涝渍

水网圩区型涝渍多分布在江河下游三角洲或滨湖冲积、沉积平原，由于人类长期开发而形成水网，水网水位全年或汛期超出耕地地面，因此，必须筑圩（垸）防御，并依靠人力或动力排除圩内积水。当排水动力不足或遇超标准降雨时，则形成涝渍灾害。

我国水网圩区型涝渍灾害主要发生在淮河、长江和珠江流域。如太湖流域的阳澄、淀泖地区，淮河下游的里下河地区，珠江三角洲地区，长江流域的洞庭湖、鄱阳湖滨湖地区等，均属这一类型。

山区谷地型涝渍

山区谷地型涝渍多分布在丘陵山区的冲谷地带。其特点是山区谷地地势相对较低下，遇大雨或长时间霪雨，土壤含水量大，受周围山丘下坡地侧向地下水的侵入，水流不畅，加之日照短、气温偏低而致涝渍灾害。

沼泽湿地型涝渍

沼泽湿地地势平缓，河网稀疏，河床较浅，滩地宽阔，排水能力弱，雨季潜水往往到达地表，当年雨水第二年方能排尽。在沼泽湿地进行大范围垦殖，排水标准低和建筑物未能及时配套而在新开垦土地上发生频繁的涝渍灾害。

我国沼泽湿地型涝渍主要分布在东北地区的三江平原，黄河、淮河、长江流域亦有零星分布。

9.我国洪涝灾害有哪些特点

从洪涝灾害的发生机制来看，我国洪涝具有明显的季节性、区域性、普遍性和多发性。

季节性

我国地处欧亚大陆的东南部，东临太平洋，西部深入亚洲内陆，地势西高东低，呈三级阶梯状。南北跨高、中、低

三个纬度区，是典型的大陆性季风气候，因此，降雨量有明显的季节性变化。这决定了我国洪水发生的季节规律。

我国全年降雨量大部分集中在夏季湿润高温时期，且多以暴雨形式出现。春夏之交，我国华南地区暴雨开始增多，洪水发生几率随之加大。受其影响的珠江流域的东江、北江，在5~6月易发生洪水，西江则迟至6月中旬至7月中旬。6~7月间主雨带北移，受其影响，长江流域易发生洪水。四川盆地各水系和汉江流域洪水发生期持续较长，一般自7月至10月。7~8月为淮河流域、黄河流域、海河流域和辽河流域主要洪水期。松花江流域洪水期则迟至8~9月。

另外，东南沿海地区由于受台风的影响，其雨期及洪水期较长，为6~9月。在正常年份，暴雨进退有序，在同一地区停滞时间有限，不致形成大范围的洪涝灾害，但在气候异常年份，雨区在某区停滞，则将形成某一流域或某几条河流的大洪水。

区域性

我国洪涝灾害的区域性特征与暴雨的分布地区关系密切。我国的暴雨主要分在燕山、太行山、伏牛山、武陵山和苗岭以东等地区，因此，这些地区也是洪涝灾害的多发地。

普遍性

我国地域辽阔，自然环境差异很大，具有产生多种类型洪水和严重洪水灾害的自然条件和社会条件。除沙漠地带、极端干旱区和高寒区外，我国其余大约2／3的国土面积上都存在不同程度和不同类型的洪涝灾害。这体现了我国洪涝灾害的普遍性特征。

多发性

据《明史》和《清史稿》记载，明清两代(1368~1911年)的543年中，范围涉及数州县到30州县的水灾共有424次，平均每4年发生3次，其中水灾范围超过30州县的共有190年次，平均每3年发生1次。新中国成立以来，洪涝灾害年年都有发生，只是大小有所不同而已。特别是20世纪50年代就发生11次大洪水。

10.我国洪涝灾害多发的主要原因是什么

暴雨是造成洪涝灾害的主要原因，所以人们又常把洪涝灾害称为暴雨洪涝，而将引发洪涝的暴雨称作致洪暴雨。

我国是世界上多暴雨的国家之一。全年降水量集中在夏季湿润高温时期，且多以暴雨形式出现。

每年6~9月的雨量占年降水量的60%~80%，黄河中下游地区、海河、辽河流域，大部分降雨集中在七八两个月，而且又往往集中在几次暴雨过程中。短时间集中性的降雨，来不及下泄入海，使江河湖泊水位猛涨，形成洪涝。

我国洪涝灾害多发与暴雨强度也有密切联系。根据现有的降水资料，我国不少时段的最大降水量与世界极值已比较接近，有的甚至本身就创下了世界纪录。

如1975年8月7日的特大暴雨在河南省泌阳县林庄6小时降水量为830.1毫米，超过了1942年7月18日在美国密士港6小时降水量782毫米的世界纪录。

1967年10月17日，在台湾省新寮观测到的24小时最大降水量为1 672毫米，仅次于1952年3月16日法国留尼旺岛的1 870毫米。

我国最大24小时暴雨雨量的地理分布，大致呈由东南向西北减少的趋势。但由于受地形的影响，在东部地区有两条明显的暴雨带。

第一条暴雨带自辽东半岛经山东半岛、浙闽到两广的沿海地区，降水量在300~400毫米，不少站点降水量达800毫米以上。

第二条暴雨带位于平原与山脉的过渡地带，北自努鲁儿虎山和燕山，向南经太行山、伏牛山、大巴山、巫山到武陵山、雪峰山等山脉的迎风坡，其降水量也在300~400毫米，个别地方甚至接近或超过1 000毫米。

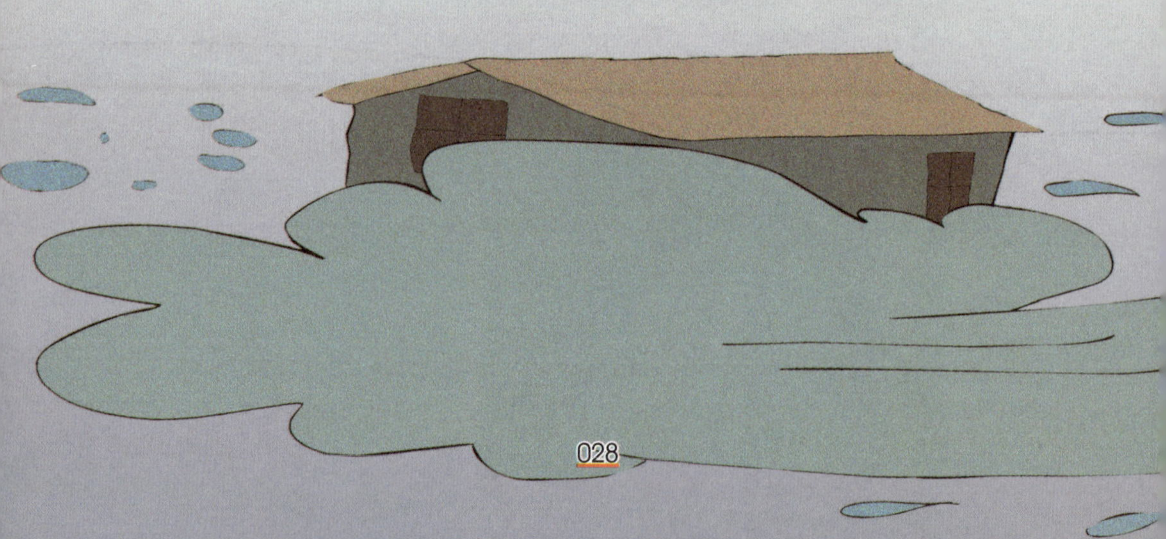

11.洪涝有哪些危害

自古以来，洪涝灾害一直是困扰人类社会发展的自然灾害。中国有文字记载的第一页就是劳动人民和洪水斗争的光辉画卷——大禹治水。时至今日，洪涝依然是对人类影响最大的灾害。

人员伤亡

洪涝灾害往往造成江、河、水库堤坝溃决，堤坝溃决时，水量大，水势凶猛，往往导致大量居民因无法及时逃生而遇难。

经济损失

洪涝灾害造成粮食大量减产，甚至绝收；冲塌房屋，吞没财产；工矿企业单位被淹，被迫停产停业；破坏水利设施等；毁坏铁路、公路和城镇基础设施；使地面交通基本陷于瘫痪，直接影响政治、经济以及人民的正常生活秩序。

次生灾害

洪涝灾害还常常伴随泥石流、滑坡、山崩，以及化工设

施毁坏后所发生的化学事故和灾后出现的瘟疫、饥荒等次生灾害，使灾情趋于复杂化、扩大化。

环境破坏

洪水泛滥，淹没了农田、房舍和洼地，灾区人民大规模的迁移；各种生物群落也因洪水淹没引起群落结构的改变和栖息地的变迁，从而打破原有的生态平衡。

水源污染

洪涝灾害使供水设施和污水排放设施遭到不同程度的破坏，如厕所、禽畜棚舍被淹，可造成水源污染，甚至造成传染病的暴发和流行。

洪水还将地面的大量泥沙冲入水中，使水体混浊，有悬浮物等。一些城乡工业发达地区的工业废水、废渣、农药及其他化学品未能及时搬运和处理，受淹后可导致局部水环境受到化学污染，或者个别地区储存有毒化学品的仓库被淹，化学品外泄造成较大范围的化学污染。

食品污染

洪涝灾害期间，食品污染的途径和来源非常广泛，对食品生产经营的各个环节产生严重影响，常可导致较大范围的食物中毒事件和食源性疾病的暴发。

疫病流行

灾害后期，由于洪水退去后残留的积水坑洼增多，使蚊类滋生场所增加，蚊虫数量迅速增多，加之人们居住的环境条件恶化、人群密度大、人畜混杂，防护条件差，被蚊虫叮咬的机会增加，从而导致蚊媒病的发生。

在洪水地区，人群与家禽、家畜都聚居在堤上高处，粪便、垃圾不能及时清运，生活环境恶化，为蝇类提供了良好的繁殖场所，促使成蝇数量猛增。蝇与人群接触频繁，蝇媒传染病发生的可能性很大。

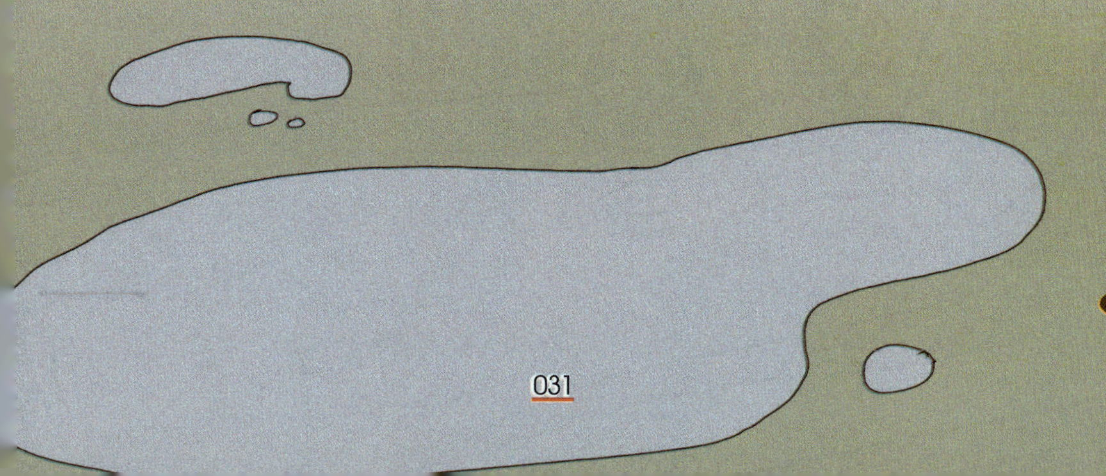

洪涝期间由于洪水淹没了某些传染病的疫源地，使啮齿类动物及其他病原宿主迁移和扩大，易引起某些传染病的流行。出血热是受洪水影响很大的自然疫源性疾病，洪涝灾害对血吸虫的疫源地也有直接的影响，如因防汛抢险、堵口复堤的抗洪民工与疫水接触，常暴发急性血吸虫病。

由于洪水淹没或行洪，一方面使传染源转移到非疫区，另一方面使易感人群进入疫区，这种人群的迁移极易导致疾病的流行。其他如眼结膜炎、皮肤病等也可因人群密集和接触，增加传播机会。

洪水毁坏住房，灾民临时居住于简陋的帐篷之中，白天烈日暴晒易致中暑，夜晚易着凉感冒，年老体弱、儿童和慢性病患者更易患病。

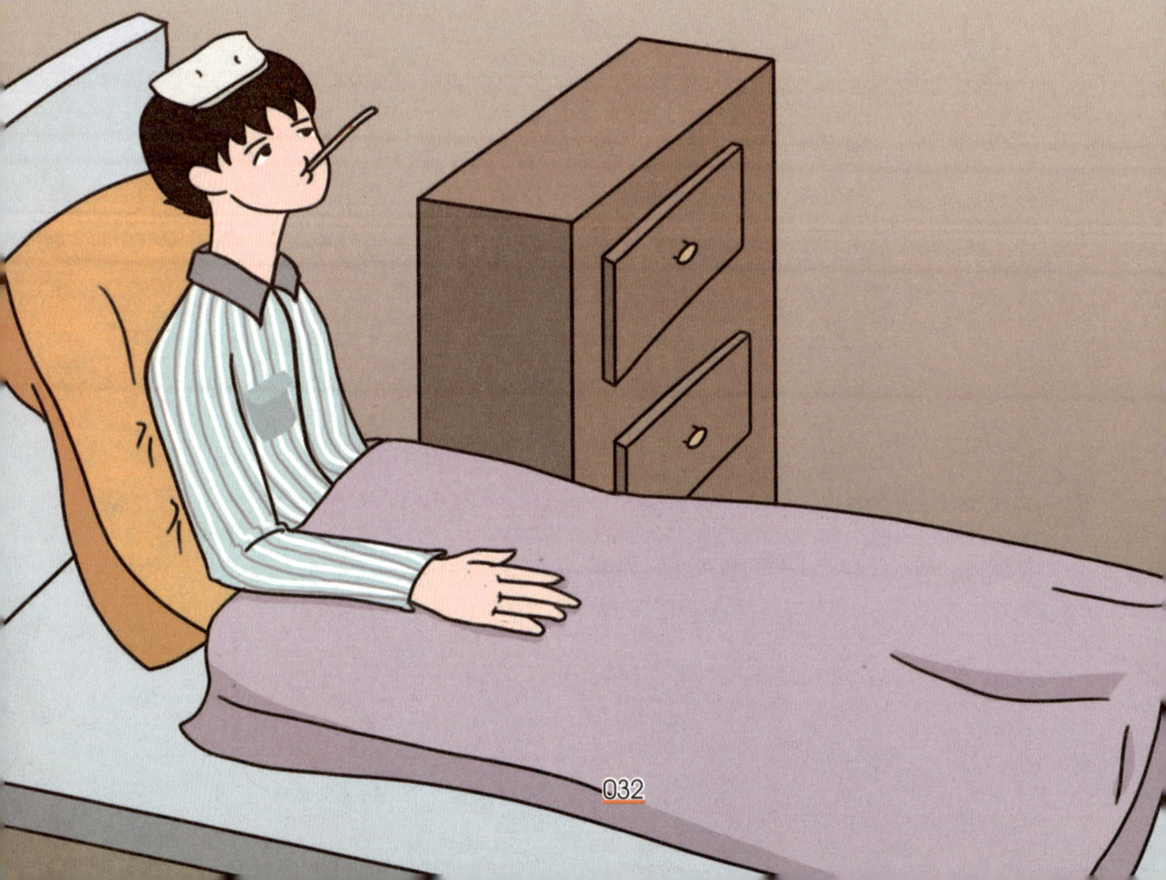

12.洪涝灾害的影响有哪些

我国平均每年因洪涝灾害造成损失达1 000亿元以上。此外，每年都有一些人因洪涝灾害丧生。

我国黄河、长江等大江大河中下游地区的主要城市与乡镇，多处于洪水位以下，受洪水威胁严重。这些地区有5亿人口、5亿亩耕地，工农业总产值占全国的60%。1949年以来，长江、淮河、海河发生的几次大洪水，都给国家和人民带来巨大损失。

洪涝灾害对我国经济社会的影响，主要体现在农业、交通运输业、城市和工业等方面。

对农业的影响

严重的暴雨洪水常常造成大面积农田被淹、作物被毁，致使作物减产甚至绝收。1950~2010年的60年中，全国年均农田受灾面积①为982.3万公顷，成灾面积②为544.6万公顷，其中1990年以来，全国年均农田受灾面积为1 386.2万公顷，成灾面积为767.8万公顷，可见近年来洪涝灾害对农业的影响有加重的趋势。

对交通运输业的影响

铁路是国民经济的动脉，而我国不少铁路干线处于洪水

①受灾面积：指年内因遭受旱灾、水灾及其他自然灾害，使农作物较正常年景产量减少一成以上的农作物播种面积。不重复计算，在同一块土地上如先后遭受几次灾害，只按其受害最大的一次计算受灾面积。

②成灾面积：指在遭受自然害灾的受灾面积中，农作物实际收获量较常年产量减少三成以上的播种面积。

的严重威胁之下。在七大江河中下游地区，有京广、京沪、京九、陇海和沪杭甬等重要铁路干线，受洪水威胁的铁路长度超过100 000千米。西南、西北地区铁路常受山洪灾害袭击，这些地区的铁路干线为山洪灾害高发区。因洪涝灾害造成铁路中断、停止行车的事故是很严重的，1954年大洪水中，作为南北大动脉的京广铁路就曾中断运行达100天。

中国公路网络里程长，洪涝灾害造成公路运输中断的影响遍及全国城乡各个角落。随着公路建设迅速发展，水毁公路里程也成倍增加，中国所有地区公路都曾不同程度受到山洪灾害的威胁，西部地区10余条国家干线，频繁遭遇泥石流、滑坡灾害。川藏公路沿线大型泥石流沟就有157条，每年全线通车时间不足半年。

对城市和工业的影响

城市人口密集，工业产值中约有80%集中在城市。中国大中城市基本沿江河分布，受到洪涝灾害的严重威胁，有些依山傍水的城市还可能遭遇山洪灾害。中国600多座城市中，90%有防洪任务。20世纪90年代以来，中国城市化进程显著加快，大量人口涌向城市，城市面积迅速扩张，新扩张的城区往往是洪水风险较高而防洪能力较低的区域。由于城市资产密度高，对供水、供电、供气、交通、通信等系统的依赖大，一旦遭受洪水袭击，损失更为惨重。统计数据表明，一些经济较发达的沿海省份，城市与工业的洪涝灾害损失已经占到洪涝灾害总损失的60%以上。

13.洪涝引发的次生灾害有哪些

洪涝灾害还常常引发泥石流、滑坡、山崩等一系列次生灾害，使灾情趋于复杂化、扩大化。

泥石流

泥石流是在山区或者其他沟谷深壑，以及地形险峻的地区，因为暴雨、洪水将含有沙石且松软的土质山体经饱和稀释后形成的洪流。

在适当的地形条件下，大量的水体浸透山坡或沟床中的固体堆积物质，使其稳定性降低，饱含水分的固体堆积物质在自身重力作用下发生运动，就形成了泥石流。典型的泥石流由悬浮着粗大固体碎屑物并富含粉砂及黏土的黏稠泥浆组成。

泥石流是一种灾害性的地质现象。泥石流爆发突然、来势凶猛，可携带巨大的石块。因其高速前进，具有强大的能量，因而破坏性极大。发生泥石流常常会冲毁公路、铁路等交通设施甚至村镇等，造成巨大损失。

滑坡

滑坡是指斜坡上的土体或者岩体，受河流冲刷、地下水活动、地震等因素影响，在重力作用下，沿着一定的软弱面或者软弱带，整体地或者分散地顺坡向下滑动的自然现象。俗称“走山”“垮山”“地滑”“土溜”等。滑坡发生时，会使山体、植被和建筑物失去原有的面貌，常常给工农业生产以及人民生命财产造成巨大损失，甚至是毁灭性的灾难。

滑坡对乡村最主要的危害是摧毁农田、房舍，伤害人畜，毁坏森林、道路以及农业机械设施和水利水电设施等，有时甚至毁灭整个乡村。

位于城镇的滑坡常常砸埋房屋，伤亡人畜，毁坏农田，摧毁工厂、学校、机关单位等，并毁坏各种设施，造成停电、停水、停工，有时甚至毁灭整个城镇。

发生在工矿区的滑坡，可摧毁矿山设施，伤亡职工，毁坏厂房，使矿山停工、停产，常常造成重大损失。

山崩

山崩是山坡上的岩石和土壤快速、瞬间滑落的现象。泛指组成坡地的物质受到重力作用，而产生向下坡移动的现象。洪水、暴雨和地震都可能会引起山崩。

山坡愈陡，土石就愈容易下滑，山崩就愈容易发生。在连续的大雨之后，雨水渗入地下，增加土石的重量与下滑力，所以山崩也常在大雨之后发生。

14.泥石流是怎么发生的

降雨是诱发泥石流灾害的直接因素和激发条件，其发生与降雨量、降雨强度和降雨历时关系密切。

高强度降雨是引起泥石流灾害的主要原因之一。研究表明，降雨量和降雨强度越大，形成泥石流的几率就越高，规模也越大。在相同条件下，降雨历时越长，降雨量越多，产生的径流量越大，泥石流灾害就越严重。

地形地质因素是发生泥石流的物质基础和潜在条件，影响着泥石流灾害的特性和规模。如果山体高、坡度大，那么处于高势能、低阻力的水体和土体极不稳定，可以快速起动，高速运动，迅速成灾；如果山体低而缓，则起动、成灾均较慢，或者不成灾。起伏的地面不仅为泥石流灾害的发生提供势能条件，同时还为泥石流提供充足的固体物质和滑动条件。

人为不合理的经济活动在泥石流生成过程中，有强化和激发作用。人为因素主要有以下两个方面：其一，乱砍滥伐树木，使山坡丧失蓄水固土能力，经受不住暴雨径流的冲刷，出现大面积的斜面重力侵蚀和坡面径流侵蚀，加速泥石流的生成和发育；毁林开荒使大面积的山坡失去了天然覆盖，疏松的表土失去团粒结构，一旦遇到高强度暴雨，成片泥土被冲下山，汇成泥石流。其二，采石、开山、修路和开矿等使大量岩石松动和移位，造成岩层失稳，加速了重力侵蚀作用，或形成岩体滑动，促成泥石流发生；大量乱弃的矿渣、矿坑采空区造成的塌陷，使山岩松动，这些都给泥石流的生成提供了有利条件。

15.什么是堰塞湖

堰塞湖是由于山崩、泥石流或熔岩堵塞河谷或河道，储水达到一定程度形成的湖泊，通常由地震、火山爆发等自然原因造成。

堰塞湖的形成有4个条件：一是有水系；二是原有水系被堵塞物堵住；三是河谷、河床被堵塞后，流水聚集并且往四周漫溢；四是储水到一定程度。

河道被堵塞后，形成的堰塞湖由于上游水的不断注入，使湖面水位不断升高。而堰塞湖的堤坝大都是由外来物质（土石、熔岩等）快速堆积形成的，其结构往往不稳定，这种不牢靠的“堤坝”很容易在巨大的压力下垮掉，导致堰塞湖里面蓄积的大量水汹涌而出，形成巨大的洪水，对下游地区形成毁灭性破坏。

1933年8月发生在四川叠溪的大地震，造成山体滑坡后，在岷江内形成了两道天然水坝和四个堰塞湖。两个月后，堰塞湖溃决，导致下游地区2万多人丧生于洪水中。

由火山熔岩流堵截而形成的湖泊又称为熔岩堰塞湖。我国黑龙江省的五大连池就属于火山熔岩堰塞湖。五大连池地处纳诺尔河支流白河的上游，北距小兴安岭30千米，是由老黑山和火烧山喷溢的玄武岩流堵塞白河，使水流受阻，形成彼此相连、呈串珠状的5个湖泊，故名五大连池。

16.城市也会发生洪涝灾害吗

随着城市化进程的加快，城市呈现出规模逐渐扩大的趋势。目前，大多数城市的排洪能力均处于较低水平，每次暴雨都会造成城市局部洪涝灾害。

由于强降水或连续性降水超过城市排水能力致使城市内产生积水灾害的现象也叫作城市内涝。城市内涝会导致交通瘫痪、航班延误、地铁运营受阻等一系列危害。严重的还有可能导致人员伤亡以及电力、通信设施损坏等连锁反应。

2007年7月16日，重庆遭遇115年以来最大的一场暴雨。

暴雨造成56人死亡，6人失踪，直接经济损失达31.3亿元。仅在两天之后，济南也遭受了45年来最大的一次暴雨袭击，雨水漫过了河道，在马路上形成一条条湍急的河流。此次暴雨造成37人死亡，4人失踪，直接经济损失达13.2亿元。同年7月27日，武汉市受到狂风暴雨袭击，因灾死亡9人，伤69人，倒塌房屋642间，损坏房屋3 053间，造成直接经济损失达1.18亿元。

2008年9月23日，四川省成都、绵阳、德阳、广元、乐山、眉山、雅安等地遭受了特大暴雨和强雷暴袭击，暴雨造成8人死亡，38人失踪，多条国道、省道中断。

2010年5月8日，广州仅仅在12个小时之内，降雨量超过213毫米，这相当于广州城往年整个5月雨量的70%。广州市中心城区严重内涝，内涝点达到118个，其中89处为新增内涝点，44处严重水浸。全市共有935人受灾，87个镇（街）受淹，38间房屋倒塌。因强暴雨天气导致山洪倾泻、泥石流掩埋铁路线路，京广线韶关段铁路线路一度中断，数百名旅客滞留在广州火车站。

2011年6月19日，一场13年来最强降雨突袭武汉三镇，武汉大学门口成为一片汪洋，公交车在水中破浪而行，再度暴露出国内城市“重地面，轻地下”的软肋。

2011年6月23日下午，北京迎来大范围强降雨，截至16时30分，市区大部均出现明显降雨。部分地区出现不同程度的积水，西三环莲花桥、紫竹桥多处路段被淹，多个地铁由于进水临时关闭，北京交通严重瘫痪。

2011年6月28日下午，长沙遭受暴雨袭击，城区部分地段由于积水较深，导致交通受阻。在积水较为严重的长沙市八一桥段，部分车辆抛锚，被浸泡在水中。

2011年7月24日午后，北京一场瞬时强降雨，使得北京局部地区积水严重，给居民生活造成了严重影响。

据调查统计，2008年到2010年，全国参与调查的351个城市中，大概60%发生过内涝，50厘米以上的内涝占了70%多，积水时长超过半小时的占到将近80%。

在空前的强降水面前，城市在汛期出现了“水浸”“内涝”等问题，不仅给人民群众带来了巨大的经济损失，也使人们的正常生活受到了极大的影响，甚至威胁到了生命安全。

17.为什么会发生城市内涝

城市内涝的原因较为复杂：高强度的降雨是引发城市内涝的直接原因；排水系统滞后以及雨水调蓄能力小是城市内涝发生的关键因素。

高强度的降雨

高强度的降雨是引发城市内涝的直接原因。由于全球气候变暖等因素的影响，造成了异常天气气候事件不断发生，强降水等灾害性天气的频次、强度有增多、增强的趋势。很多地方出现特大暴雨，有些城市甚至遭遇百年一遇的特大暴雨；再加上我国降雨时空分布不均的特点，每年夏季大部分

城市都会遭遇强降雨的袭击。短时间内大量降雨，造成城市排水系统瘫痪。

另外，城市自身也具有“放大”气象灾害的作用。由于城市化的速度加快，城市建筑群密集、柏油路和水泥路面比郊区的土壤、植被具有更大的吸热率，使得城市地区升温较快，并向四周和大气中大量辐射，造成了同一时间城区气温普遍高于周围郊区气温的“热岛效应”。在“热岛效应”作用下，热气以城市为中心向上升，而周边气流就向城市补充，加之城市空气中粉尘含量较高，遇到冷空气易于形成雨水落下，使得城市成为一个容易发生局部暴雨的地方。

排水系统滞后

城市排水系统滞后是导致城市内涝的主要原因。城市排水系统是处理和排除城市污水和雨水的工程设施系统，是城市公用设施的组成部分。城市排水管网掩埋在地下，虽看不见，但犹如城市的道路交通一样重要，其直接关系着市民的生命财产安全。

近年来，随着我国城市化进程加快，城市面积不断向外围扩张，但是排水设施建设却远远跟不上城市发展的节奏。

城市建设档次提高了，排水设施还依然沿用几十年一贯的标准和做法。排水系统老旧，排水标准低，甚至排水设施不健全、不完善，对排水系统管理维护不善等综合因素导致城市发生强降雨时，排水系统压力过大，便会形成内涝。

雨水调蓄能力小

城市的河湖水面是调蓄雨水的主要设施，当发生超过排水系统标准的降雨时，可以采用河湖水面或蓄水设施暂时蓄存雨水，可以有效地缓解排水系统的压力。然而，随着城市快速发展，城市中原有的河湖水面经过大规模改造，已所剩无几，留存的河湖水面规模也大幅度缩减，雨水调蓄能力急剧降低，甚至失去了雨水调蓄作用。在新的建设中又疏于建设相应的雨水调节设施，一旦降雨量超过排水设施能力，多余的水排不出去，又无处蓄存，于是只能漫上街道，形成内涝。

城市雨水调蓄的另一种形式是将雨水存于地下，通过大面积保留透水性好的绿地，建设透水地面以及地下蓄水池来留住雨水：一方面减少需要排出的水量，另一方面将雨水转化成水资源留存起来。但在城市建设中，绿地却一再受到压缩，硬化地面越来越多，不仅城市环境变得恶劣，而且使能吸纳雨水的地面也越来越少。另外，硬化地面的铺装多采用不透水材料，降雨无法渗透进地面，全靠排水系统排出，更加重了排水设施的负担。

另外，一些城市过度开采地下水，也是造成当地容易内涝的重要原因。过度开采地下水使城市地面沉降，一旦遭遇暴雨，水极难外排。

18.人类活动对洪涝灾害有什么影响

人类为了创造适合自身生存和发展的空间，不断对自然条件进行改造。但人类改造自然环境的种种努力并不总是有利的，在许多方面存在相反作用。洪涝灾害的发生同样与人类活动有密切关联。

城市化的影响

随着城市化进程的加快，城市化改变了流域自然环境和地貌，从而增加了洪涝灾害发生的风险。

（1）城市水泥建筑群和硬化路面增加，地表水难以下渗，使城市的地表径流增加，汇流速度加快，增大了洪水总量，加剧了洪涝灾害的严重程度。

（2）城市排水系统管网化，增加了城市排水能力，使暴雨径流尽快地就近排入当地接收水体，从而使洪水汇流速度增加，洪量集中，增加了区域洪涝灾害发生的几率。

（3）城市发展侵占天然河道滩地，减少了行洪滩地蓄洪容量和泄洪能力，一旦遭遇大洪水时，河道调蓄能力差，致使灾害损失大大增加，这也是近年洪水量级较小，但损失较大的重要原因之一。

（4）城市河道建筑也是引发洪涝的重要因素，尤其是大桥和港口的修建，既抬高了上游水位，又增大了下游水力坡降，给防洪带来困难，加大了洪涝灾害发生的概率。

防洪工程的影响

防洪工程作为防洪的主要措施，一直以来都发挥着很大的作用。但其在一定程度上也加剧了洪水灾害的风险。

水库具有蓄洪滞洪的作用，可以有效减少下游洪水的威胁，但是水库会导致上游的输沙量减少，沙量又集中在主汛期时排放，大量下泄的泥沙，就必然引起下游河滩的淤积，缩小了河道过水断面，加剧洪峰。另外，如果水库调度运用不当，或维护管理不力，也可能带来溃坝的风险。

河道堤防的修建，限制了江河的摆动范围，迫使其由不稳定状态变为相对稳定的状态，提高了抗御洪水的能力。但堤防将洪水束缚于河床，加速了河床泥沙的堆积和江滩的扩大，造成淤塞，抬高了洪水位，致使洪水灾害更加严重。同

时，堤防也存在着更大隐患，一旦决堤，其灾害损失将会非常严重。

不合理开发的影响

人们在拓展生存空间时引起的环境变迁，对土地资源的不合理开发等，会导致生态环境破坏，影响洪涝灾害的形成与发展。

（1）乱砍滥伐。由于人为不加节制地大量毁林开荒，破坏植被，致使大片森林草地被毁，导致水土流失严重和暴雨洪水频发。目前，我国的森林覆盖率已下降到8.7%，远低于世界平均值29%。

一旦植被遭到破坏，降雨便加速土壤有机质分解和土壤团粒结构的破坏，导致水土流失，致使河道泥沙量增多，河床逐年淤高，自然抬高了水位，增大了洪水灾害的威胁。森林植被减少的另一方面也导致了降水量的局部改变，且不利于降水的吸纳与循环，加重了洪涝灾害。

（2）围湖填河。湖泊除了能拦蓄本流域上游来水，减轻下游洪水的压力外，还可分蓄江河洪水，削减洪峰流量，滞缓洪峰发生的时间，发挥调蓄作用。但是，20世纪50年代以来，我国湖泊减少了500多个，水域面积减少了2 790万亩，淤废水库、山塘库容累计达200亿立方米，使得湖泊的调蓄能力下降。

另外，填河垦殖、填河修路、建筑物占据河道和垃圾倾倒入河，使河道变窄，减少了泄洪能力，加剧了“小流量，高水位”现象的发生。

第二章

洪涝灾害可以预防吗

虽然洪涝灾害不能彻底根治，但通过多种努力，可减小洪涝灾害的影响。新中国成立以来，我国兴建了大量堤防工程，其中水库8万多座，加高培厚江河大堤20多万千米，显著提高了防御洪涝灾害的能力。当然，洪涝灾害的本质特性是对人类社会的严重危害，但从环境效应来看，洪涝灾害也有其有益的方面，例如冲刷河床淤积，改善河道的水力条件；输沙入海，营造河口三角洲；洪水泛滥将补充地下水，增加可调蓄利用的淡水量，以及将淤泥散布于田间等等，对于国土环境未尝不是有益的方面。如何创造适当的条件，使洪水转害为利，是值得探讨的问题。

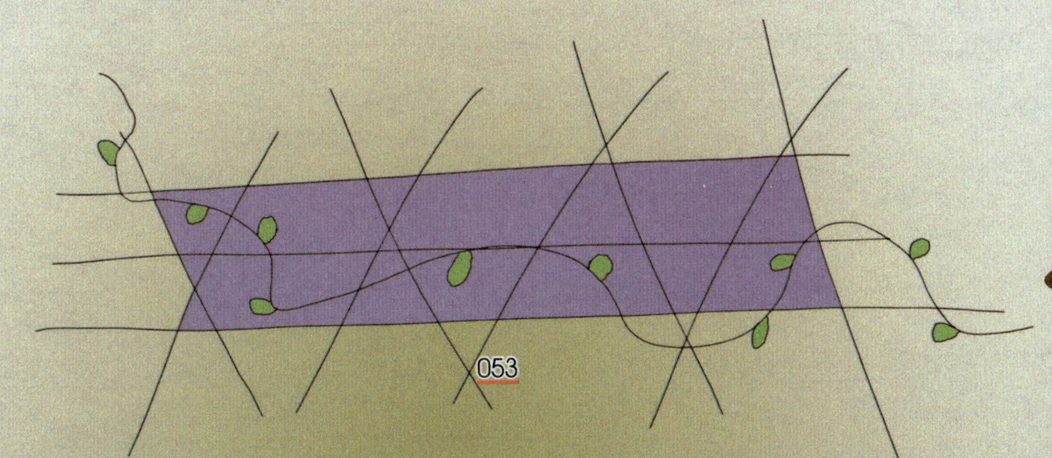

1.什么是防汛

防汛是指为防止和减轻洪水灾害，在洪水预报、防洪调度、防洪工程运用、抢险救灾等方面的有关工作。

防汛的主要工作内容包括：天气形势预测、洪水水情预报、防洪工程调度运用、抢险及救灾、非常情况应急措施等。

防汛是人们同灾害性洪水做斗争的一项社会工作。由于洪水危害关系到国家经济建设和人民生命财产的安全，涉及社会的安定，国家历来都把防汛作为维护社会安定的一件大事。

为了做好防汛工作，避免或减轻灾害损失，根据《中华人民共和国水法》《中华人民共和国防洪法》和《中华人民共和国防汛条例》等有关法规，各级人民政府应当加强领导，建立健全组织，明确责任，采取有效措施，落实各项防汛准备工作，全力做好防汛抗洪工作，最大限度地减轻灾害损失。

2.我国防汛抗洪的法律法规有哪些

从20世纪80年代起，我国先后制定了一系列法律、行政法规、行政规章和规范性文件，已逐步形成了比较完整的水资源开发利用、节约保护、防洪工程管理、防治水害的法律法规体系，为规范水事业行为和依法治水提供了基础保障。

1988年，第六届全国人民代表大会常务委员会第二十四次会议审议通过了《中华人民共和国水法》，这是新中国第一部规范水事活动的基本法，标志着我国开始走上依法治水的轨道。2002年，第九届全国人大常委会第二十九次会议审议通过了修订后的《中华人民共和国水法》。新水法融进了党和国家近几年提出的治水方针、原则以及新时期治水思路，并吸收了国内外的治水管水经验，体现了理论联系实际、实事求是和与时俱进的原则。新水法的诞生，标志着依法治水工作进入了新的起点，同时也为各级水行政主管部门提出了更高的要求。

1997年，第八届全国人民代表大会常务委员会第二十七次会议通过了《中华人民共和国防洪法》（简称《防洪法》）。它是在已有的法律法规基础上，全面总结我国水灾防治工作的经验教训并借鉴国外先进经验之后制定的，是我国社会主义法治体系在防治自然灾害方面的第一部重要法律，是水灾防治工作的专项法律。《防洪法》共8章66条，详细规定了我国水灾防治的各个方面。

1998年，国务院发布了《中华人民共和国河道管理条例》。全文共7章51条，对河道管理的指导原则、河道整治与建设、河道保护、河道清障、河道管理经费及违反条例的处罚办法等做了具体规定。

1991年，国务院发布了《中华人民共和国防汛条例》。全文共8章49条，对防汛抗洪的指导原则、防汛组织、防汛准备、防汛与抢险、善后工作、防汛经费、奖励与处罚办法等做出了详细的规定。

1991年，国务院颁布了《水库大坝安全管理条例》。全文共6章34条，规定了水库大坝安全管理的指导原则、对大坝建设的要求、对大坝管理的要求和对险坝处理的要求和方法，以及违反本条例的处罚办法。

1988年，国务院批转了水利部《关于蓄滞洪区安全与建设指导纲要》，在基本工作，通信与预报、警报，人口控制，土地利用和产业活动的限制，就地避洪措施，安全撤离措施，试行防洪基金或洪水保险制度，规划与管理，宣传与通告等九个方面对蓄滞洪区安全与建设工作做出规定。

2000年，国务院发布了《蓄滞洪区运用补偿暂行办法》，全文共5章26条，对蓄滞洪区的运用补偿原则、补偿对象、补偿范围和标准、补偿程序和方式、补偿资金的筹措和发放等做了具体的规定，并明确了国家正式批准的蓄滞洪区名录。

3.我国防汛组织体系是怎样的

我国负责水灾防治的组织机构主要是政府，在过去几千年的历史进程中，从最初在中央设立一个官职，到后来设立一个机构，再到后来又逐步从中央到地方，最终覆盖全国的一套完整的水灾防治组织体系。随着对洪水认识程度的加深和防治水灾能力的提高，抗洪抢险逐渐成为我国水灾防治的内容之一。新中国成立以后，又建立起一套完整的、与行政机构相辅相成的防汛组织体系。

我国防汛工作按照统一领导、分级分部门负责的原则，建立健全各级、各部门的防汛机构，发挥有机的协作配合，形成了完整的防汛组织体系。

国家防汛机构

国务院设立国家防汛抗旱指挥机构，负责领导、组织全国的防汛抗旱工作，其办事机构是国家防汛抗旱总指挥部办公室，设在国务院水行政主管部门即水利部。

流域防汛机构

在国家确定的重要江河、湖泊设立由有关省、自治区、直辖市人民政府和该江河、湖泊的流域管理机构负责人等组成的防汛抗旱指挥机构，指挥所管辖范围内的防汛抗洪工作，其办事机构设在流域机构。此外，国务院水行政主管部门所属的长江、黄河、淮河、海河、珠江、松花江、辽河和太湖等流域机构，设立防汛办事机构，负责协调本流域的防汛日常工作。

地方防汛机构

有防汛抗洪任务的县级以上地方人民政府设立由有关部门、当地驻军、人民武装负责人等组成的防汛抗旱指挥机构，在上级防汛抗旱指挥机构和本级人民政府的领导下，指挥本地区的防汛抗洪工作。必要时，经市人民政府决定，防汛抗旱指挥机构也可以在建设行政主管部门设城市市区办事机构，在防汛抗旱指挥机构的统一领导下，负责城市市区的防汛抗洪日常工作。

行业防汛机构

水利、电力、气象、海洋等有水文、雨量、潮位测报任务的部门，汛期组织测报报汛站网，建立预报专业组织，向上级和同级防汛指挥部门提供水文、气象信息和预报。城建、石油、电力、铁道、交通、航运、邮电、煤矿以及所有有防汛任务的部门和单位，汛期建立相应的防汛机构，在当地政府防汛指挥部和上级主管部门的领导下，负责做好本行业的防汛工作。

各级地方防汛抗旱指挥机构的职责是：贯彻国家防汛抗旱总指挥部有关防汛抗旱工作的统一部署，落实防汛工作行政首长责任制；组织开展防汛检查，应急处理病险工程；制定防御洪水预案并组织实施，正确决策指挥，科学调度洪水；储备和调配抗洪抢险物资，做好抗洪抢险工作；及时转移危险地区群众，保证人民生命安全；坚持军民联防，做好抗洪救灾各项工作。

4.防汛部门汛前需要做哪些准备

防汛准备工作是根据掌握的洪水特征，有针对性的准备预防工作。

汛前准备和部署

防汛工作涉及面广，需要各有关部门的共同参与。每年汛前，各级政府和防汛抗旱指挥部门都必须召开专门防汛工作会议，对防汛工作进行全面部署。防汛准备在各项准备工作中占有首要地位。准备工作是否充分，将直接影响到各项工作的能否落实。各级防汛机构要结合部署防汛工作，大力宣传防汛抗灾的重要意义。

防汛组织机构的完善

防汛是动员组织全社会的人力和物力防御洪涝灾害，必须要有健全而严密的组织系统。防汛指挥机构是一个综合协调参谋机构，按照国家《防洪法》《中华人民共和国防汛条例》的规定，有防汛任务的县级以上地方人民政府必须设立由有关部门、当地驻军、人民武装部负责人等组成的防汛指挥机构，领导、指挥本地的防汛抗洪工作。

防汛队伍组建及培训

防洪工程是抗御洪水的屏障，但为了取得防汛抢险斗争的胜利，必须有坚强有力的防汛抢险队伍。长期与洪水灾害斗争的经验教训告诉人们，每年汛前必须组建好人员精干、组织严密、责任分明的防汛抢险队伍。

防汛抢险物料储备

防汛物料是防汛抢险的重要物质条件，是防汛准备工作的重要内容。汛期，在防洪工程发生险情时，要根据险情的种类和性质尽快选定合适抢险材料进行抢护。这就要求抢险物料必须品种齐全、数量充足，并且能迅速运送到险情地段。

防汛预案修订

防洪预案是指防御江河洪水灾害、山地灾害、风暴潮灾害、冰凌洪水灾害和水库溃坝洪水灾害等的具体措施和实施步骤，是在现有工程设施条件下，针对可能发生的各类洪涝灾害而预先制定的依据。汛前，要根据流域内经济社会状况、工程变化等因素，对防御洪水预案进行全面修订完善。

汛前检查及查险除险

汛前检查是消除安全度汛隐患的有效手段，其目的就是发现和解决安全度汛方面存在的薄弱环节，为汛期安全度汛创造条件。在汛前检查过程中，要制定检查工作制度，实行检查工作登记制度，落实检查人和被检查人的责任。对检查中发现的问题，将任务和责任落实到有关单位和个人，明确责任分工，限汛前完成任务，堵塞不安全漏洞，消除安全度汛隐患。

5.如何划分防汛应急响应的级别

根据《国家防汛抗旱应急预案》，我国防汛应急响应机制共分为4级，最高级别为Ⅰ级，最低级别为Ⅳ级，具体如下：

（1）当出现下列情况之一时，启动Ⅰ级防汛应急响应：某个流域发生特大洪水；多个流域同时发生大洪水；大江大河干流重要河段堤防发生决口；重点大型水库发生垮坝。

（2）当出现下列情况之一时，启动Ⅱ级防汛应急响应：一个流域发生大洪水；数省（区、市）多个市（地）发生严重洪涝灾害；大江大河干流一般河段及主要支流堤防发生决口；一般大中型水库发生垮坝。

（3）当出现下列情况之一时，启动Ⅲ级防汛应急响应：数省（区、市）同时发生洪涝灾害；一省（区、市）发生较大洪水；大江大河干流堤防出现重大险情；大中型水库出现严重险情或小型水库发生垮坝。

（4）当出现下列情况之一时，启动Ⅳ级防汛应急响应：数省（区、市）同时发生一般洪水；大江大河干流堤防出现险情；大中型水库出现险情。

6.防洪工程措施有哪些

防洪工程措施是指利用水利工程拦蓄调节洪量、削减洪峰或分洪、滞洪等，以改变洪水天然运动状况达到控制洪水、减少损失的目的。常用的水利工程包括河道堤防、水库、涵闸、蓄滞分洪区、排水工程等。

人类与洪水斗争的历史悠久。原始社会，人类依靠狩猎、采集生存，居无定所，征服自然的能力很低，面对洪水威胁，只能“择丘陵而处之”，躲避洪水灾害。到了原始社会末期，农业、手工业迅速发展，为了生产生活的方便，人类逐渐定居在河岸，但常常受到洪水的危害，为了保护农田和房屋，人们靠修筑简单堤埂来防御洪水的侵害。据历史文献记载，公元前3400年前后，古埃及人就修建了尼罗河左岸大堤，以保护城市和农田。从此，堤防就成为世界各地最早、最普遍应用的防洪工程措施，一直延续至今。随着社会

的发展，疏浚整治河道、分洪滞洪、利用水库蓄洪等各种防洪工程不断出现，都取得了一定的效果，也丰富了防洪工程措施的内容。

修筑堤防，约束水流

堤防是建于江河两岸、湖泊周边等地的防洪工程。河道是宣泄洪水的通道。提高河道泄洪能力是平原地区防洪的基本措施，修筑堤防是这一措施的重要组成部分。堤防在防洪中的作用是：约束水流，提高河道泄洪排水能力；限制洪水泛滥，保护两岸工农业生产和人民生命财产安全；抗御风浪和海潮，防止风暴潮侵袭陆地。

兴建水库，调蓄洪水

水库一般是指利用山谷建造拦河坝，拦截径流，抬高水位，在坝上形成蓄水体，即人工湖泊。在平原地区，利用湖泊、洼地、河道，通过修筑围堤和控制闸等建筑物，形成平原水库，如江苏省的洪泽湖、骆马湖。江苏省已建成的水库达900余座。许多河道受洪水的严重威胁，如不修建控制性水库是无法解决的。不少中小河流及其下游的城市，也必须有水库的调节控制，才能保证防洪安全。

建造水闸，控制洪水

水闸是修建在河道堤防上利用闸门控制流量和调节水位的建筑物。它的作用既能挡水，又能泄水，按其防洪排涝作用可分为分洪闸、挡潮闸、节制闸和排水闸。

分洪闸。它是分泄河道洪水的水闸。当河道上游出现的洪峰流量超过下游河道安全泄量时，为保护下游重要城镇及农田免遭洪灾，将部分洪水通过分洪闸泄入预定的湖泊洼地（蓄洪区或滞洪区），也可将洪水分泄入水位较低的邻近河流。

挡潮闸。它是设于感潮河流[①]的河口，防止海潮倒灌的水闸。涨潮时，潮水位高于河水位，关闸挡潮；汛期退潮时，潮水位低于河水位，开闸排水。枯水期闸门关闭，既挡潮水，又兼蓄淡水。

节制闸。它是调节上游水位、控制下泄流量的水闸。天然河道的节制闸也称为拦河闸。枯水期，关闭闸门抬高上游水位，以满足兴利要求；洪水期，开闸泄洪，使上游洪水位不超过防洪限制水位，同时控制下泄洪水流量，使其不超过下游河道的安全泄量。

排水闸。它是排泄洪涝水的水闸，一般是指洪涝地区向江河排水的水闸。当外河水位高于堤内水位时，关闸挡水，防止河水倒灌；当堤外江河水位低于堤内洪涝水位，开闸排水，减免洪涝灾害损失。

利用蓄滞、分洪区，减轻河道行洪压力

大江大河中下游两岸常有湖泊洼地与江河相通，洪水期江河洪水漫溢，这些湖洼起了自然滞蓄洪水、降低河道水位、减轻洪水对下游威胁的作用。为了更有效地利用沿岸湖洼调蓄洪水的作用，现在许多流域都有计划地用围堤将大部分沿岸湖洼与河道分开，建成蓄滞、分洪区。在水位到达一定高度时采取自流分洪、水闸控制分洪或人为开口分洪等措

①感潮河流：指受潮汐作用影响较明显的河段。

施，以临时蓄、滞洪水，减轻河道的行洪压力。

蓄滞洪区是江河防护体系中的重要组成部分，是保障防洪安全、减轻灾害的有效措施。目前，我国主要蓄滞洪区有98处，主要分布在长江、黄河、淮河、海河四大河流两岸的中下游平原地区。

淮河流域的蒙洼蓄洪区，是于1953年设立的千里淮河第一座蓄洪区，库内辖4个乡镇，有131座庄台（淮河流域一个类似于小岛的特殊防洪工程，在行蓄洪区内人们筑起一些台基或者在高地上建设村庄就叫作庄台），涉及15万余人，耕地面积18万亩，区内王家坝洪闸设计分流量每秒1 626立方米，设计蓄洪水位27.66米，相应蓄洪量7.2亿立方米。该蓄洪区建成以来多次蓄滞洪水，发挥了巨大的防洪作用。

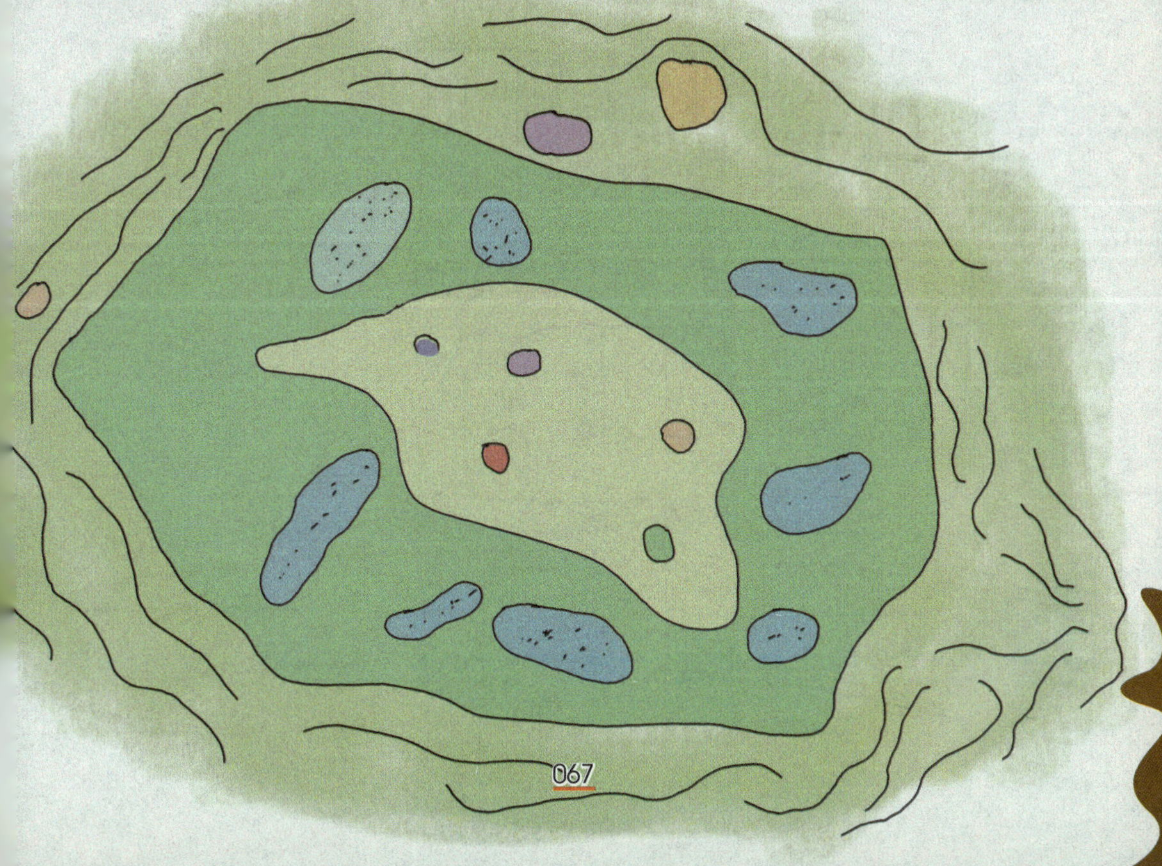

建立排水系统，排除洪涝积水

排涝工程有自排工程和机电排水工程两类。

自排工程。自排工程也就是自流排涝工程，它主要为河道及排水沟。可选择地势较低的江河、湖泊作为自排的容泄区。

机电排水工程。洪涝积水无法向容泄区自排时，就需要在适当地点修建排水站，利用机电进行排水。沿江沿湖圩区，在遇到雨涝时，一般都采用自排与机电排相结合进行排涝。

7.防洪非工程措施有哪些

防洪非工程措施是指为减少洪水灾害损失而采取的法令、政策、经济和防洪工程措施以外的技术手段或措施的统称。一般包括建立洪水监测、预报和警报系统，制定防洪预案，进行救灾与实行洪水保险，对洪泛区进行管理，制定、执行有关防洪的法规、政策等。

远古时代，人们为避免洪水灾害，择丘陵而居，有的地方“以舟为家”，甚至形成水上村镇，这都是适应自然的防汛非工程措施的雏形。防汛非工程措施作为一种概念，是20世纪60年代形成的。美国是采用防汛非工程措施相对较早、发展较快的国家。1996年美国总统发布特别命令，进一步确定了防汛非工程措施的作用。我国对防汛非工程措施也很重视，1997年专门颁发了《中华人民共和国防洪法》，将防汛非工程措施以法律的形式固定下来。随着科学技术和经济社会的发展，防汛非工程措施作为减少洪涝灾害损失的重要措施，日益为人们所接受，逐步得到充实和发展。防汛非工程措施种类很多，下面主要介绍制定防洪预案、建立洪水监测和预报、洪水科学调度三方面内容。

制定防洪预案

防洪预案，即防御江河洪水灾害、山地灾害（山洪、泥石流、滑坡等）、台风风暴潮灾害、冰凌洪水灾害以及因地震、爆炸等突发性因素引起的洪水灾害等方案的统称，是在现有工程设施条件下，针对可能发生的各类洪水灾害而预先制定的防御方案、对策和措施。防洪预案是各级防汛指挥部门实施指挥决策和防洪调度、抢险救灾的科学依据，主要包括水库防洪预案、河道防洪预案、蓄滞洪区滞洪预案、防御台风风暴潮预案等。

编制防洪预案，是国家《防洪法》和《中华人民共和国防汛条例》的规定，应遵循贯彻行政首长负责制，以防为主、防抢结合，全面部署、保证重点，统一指挥、科学调度，服从大局、团结抗洪，工程措施与非工程措施相结合，尽可能调动全社会各方面积极因素参与防洪救灾等六大原则，密切结合防洪工程现状、社会经济情况，因地制宜进行编制。

防洪预案内容既包括防洪工程和被保护对象的基本情况、防洪风险图、洪水调度方案、防御超标准洪水方案和防御突发性洪水方案（如上游水库决堤的洪水处置方案，包括决堤后洪水的流经路径和沿程的洪峰流量、水位、到达时间、影响范围、预报预警、人员转移与应急防范措施等）。

建立洪水监测和预报系统

科学、及时、准确地进行洪水监测和预报是做好防汛和洪水资源化的前提，可为防洪减灾、保障工程安全、提供水资源支撑取得更大的主动权，具有重要意义。

早在16世纪70年代（明代万历年间），我国就有了洪水监测和预报的萌芽。据史书记载，当时黄河边的识水高手根据河水来势的情况，做出了“凡黄水消长，必有先兆，如水先泡，则方盛；泡先水，则将衰”的直观定性预测，大意是讲，当河中大量出现水泡时，表示水势正在盛涨；当水泡已经消失，表示水势趋落。

随着近代科学的进步，到20世纪30年代，洪水监测和预报已成为水文学科的一个重要分支。虽然我国是世界上最早开展水情测报的国家，然而近代意义上的洪水监测和预报工作，直到20世纪50年代初才开始起步。经过几十年洪水监测预报的研究和实践，我国水文工作者结合中国的气候特点和自然地理条件，研制出了具有中国特色的洪水监测和预报方法。目前，全国建成8 000多个报汛站监测雨情、水情，有1 000多个基层水文站能发布当地河流和水库的洪水预报，已形成中央、省、市、县四级水情站网。

在20世纪80年代以前，我国洪水监测主要采用人工监测，信息传递主要依靠电话、电报，预报作业主要靠算盘、计算尺、计算器等手工操作工具，稍复杂的计算依靠事先编制各种图表查算完成。从20世纪90年代开始，随着电子计算机、现代通信、遥测等技术在我国水文工作中的应用，水情自动测报系统、洪水预报计算机数据处理系统、水文数据库系统、水情信息广域网络、预报作业软件等先后投入运行。这些水文预报预测系统功能齐全、适应性强、自动化程度高，若与实时雨情、水情信息处理系统的调度计算系统联结起来，只要接到信息，就可以在几分钟或十几分钟内算出洪水预报和洪水调度方案的计算结果，大大缩短了作业预报时间，提高了预报精度。此外，卫星通信、遥感、地理信息系统等技术也开始在洪水预报预测中投入使用，使得洪水监测更加快速及时，预报内容更加丰富，预报范围更加扩大，预报精度更加准确，减灾效益也更加显著。据统计，仅在1998年我国抗御特大洪水的过程中，洪水预报预测减灾效益就达700多亿元，为减少洪涝灾害损失、保障社会安定做出了重大贡献。

加强洪水科学调度

科学调度洪水是做好防汛和洪水资源化的关键环节。只有加强科学调度，才能在确保防洪安全的前提下，最大可能地实现洪水资源化，既最大限度地减少洪涝灾害损失，又能为经济社会可持续发展提供足够的水资源保障。要加强科学调度，就必须深入研究防洪调度和洪水资源化调度的异同，分清主次，求同存异，找准二者的最佳契合点，探讨实现科学调度的有效途径。

要实现洪水科学调度就必须立足科学发展观，统筹处理局部和全局、近期和远景的关系，充分利用先进的现代技术手段调度洪水，既保工程安全，保下游和沿岸安全，又保蓄水兴利，保回灌补源，体现防洪调度和洪水资源化的统一。具体来讲，就是在确保防洪和工程安全、减轻灾害的前提下，尽量利用水库、拦河闸坝、自然洼地、人工湖泊、地下水库等各种蓄水工程拦蓄洪水，实施库与库、库与河、地表水与地下水联合调度，统筹考虑各用水因素之间的关系，尽可能延长洪水在河道、蓄滞洪区内滞留时间，以期拦蓄最大量洪水资源，最大可能补充地下水源，增加可用水资源总量，恢复河流及湖泊、洼地的水面景观，改善人类的生活居住环境，促进经济社会的可持续发展。

8.什么是洪水预报

根据洪水形成和运动的规律，利用过去和实时水文气象资料，对未来一定时段内洪水情况的预测，称洪水预报。现代洪水预报是根据前期和现时已出现的水文、气象等要素，应用洪水预报计算机数据处理系统等先进技术，对洪水的发生和变化过程做出定量、定时的科学预测。洪水预报一般包括河道洪水预报、流域洪水预报、水库洪水预报等，主要预报项目有洪峰水位（或流量）、洪峰出现时间、洪水涨落过程、洪水总量等。洪水预报是防洪非工程措施的重要内容之一，直接为防汛抢险、水资源合理利用与保护、水利工程建设和调度运用管理，及工农业的安全生产服务。

洪水预报按洪水成因要素可分为暴雨洪水预报、融雪洪水预报、冰凌洪水预报、海岸洪水预报等。世界上绝大多数河流的洪水是暴雨产生并造成灾害的，故暴雨洪水预报是洪水预报的一个主要课题。它包括产流量预报，即预报流域内一次暴雨将产生多少洪水径流量；汇流预报，即预报产流后，径流如何汇集河道再进行洪水演进，得出河道各代表断面的洪水过程。近年来实时联机降雨径流预报系统的建立和发展，电子计算机的应用，以及暴雨洪水产流和汇流理论研究的进展，不仅从信息的获得、数据的处理到预报的发布，费时很短（一般只需几分钟），而且既能争取到最大有效预见期，又具有实时追踪修正预报的功能，从而提高了暴雨洪水预报的准确度。

洪水预报按预见期的长短可分为短、中、长期预报。通常把预见期在2天以内的称为短期预报。预见期在3~10天以内的称为中期预报。预见期在10天以上一年以内的称为长期预报。对径流预报而言，预见期超过流域最大汇流时间即作为中长期预报。鉴于对洪水形成变化的物理机制尚未充分认识，对发生和影响洪水的众多水文气象要素及人类经济活动等信息也难以完全掌握，因此，目前的中长期预报仅能对汛期降水、水情趋势进行分析展望，供有关部门参考。一般所说的河道洪水预报、流域洪水预报、水库洪水预报均属短期洪水预报，现行的预报方法大多有一定物理成因基础的经验方法，如常用河道洪水预报方法是根据洪水波在河道中的非恒定流理论，采用水文学方法做预报；还有根据暴雨径流形成原理，通过某些经验统计关系，分析计算其产流和汇流过程的降雨径流预报方法等，只要预报河段上游有较好的雨情、水情信息采集系统，短期洪水预报的精度就有保证，可以作为抗洪抢险及洪水资源化决策的依据。

短期洪水预报，对水库防洪调度和河道防汛抢险十分重要，但它的缺点是预见期太短，往往难以满足防汛抗旱、水资源管理、水电站运行以及航运管理的要求，增长预见期是国民经济各部门越来越迫切的要求。

9.你知道暴雨预警信号吗

暴雨预警信号分四级，分别以蓝色、黄色、橙色、红色表示。

蓝色预警信号

蓝色预警信号表示：12小时内降雨量将达50毫米以上，或者已达50毫米以上且降雨可能持续。

此时，政府及相关部门应按照职责做好防暴雨的准备工作，学校、幼儿园应采取适当措施，保证学生和幼儿安全；驾驶人员应当注意道路积水和交通阻塞，确保安全；相关部门应检查城市、农田、鱼塘排水系统，做好排涝准备。

黄色预警信号

黄色预警信号表示：6小时内降雨量将达50毫米以上，或者已达50毫米以上且降雨可能持续。

此时，政府及相关部门应按照职责做好防暴雨工作；交通管理部门应当根据路况在强降雨路段采取交通管制措施，在积水路段实行交通引导；相关地区、人员应切断低洼地带有危险的室外电源，暂停在空旷地方的户外作业，转移危险地带人员和危房居民到安全场所避雨；相关部门应检查城市、农田、鱼塘排水系统，采取必要的排涝措施。

橙色预警信号

橙色预警信号表示：3小时内降雨量将达50毫米以上，或者已达50毫米以上且降雨可能持续。

此时，政府及相关部门应按照职责做好防暴雨应急工作；相关地区、人员应切断有危险的室外电源，暂停户外作业；处于危险地带的单位应当停课、停业，采取专门措施保护已到校学生、幼儿和其他上班人员的安全；相关部门应做好城市、农田的排涝，注意防范可能引发的山洪、滑坡、泥石流等灾害。

红色预警信号

红色预警信号表示：3小时内降雨量将达100毫米以上，或者已达100毫米以上且降雨可能持续。

此时，政府及相关部门应按照职责做好防暴雨应急和抢险工作；处于危险地带的单位应停课、停业，立即转移到安全的地方暂避；相关部门应做好山洪、滑坡、泥石流等灾害的防御和抢险工作。

10.暴雨为何难预测

暴雨是造成洪涝灾害的主要原因，但是暴雨预报却是当今世界的一大难题。目前，发达国家的预报准确率为20%~30%，我国还达不到这个水准。

究其原因，首先是对暴雨的形成机理认识不深。大气运动的每一个环节都存在某些不确定性，暴雨的内部结构和形成机理极其复杂，虽然我们知道暴雨的形成必须具备充足的水汽、强烈的上升运动和大气不稳定层结等必要条件，但不可能每一次暴雨过程的大气运动都是一成不变的，特别是特大暴雨。它由大到几千千米、小到几千米的多尺度天气系统相互作用产生，且具有突发性和持续性特点，目前其发生、发展规律还不能完全掌握。

其次，现有的暴雨预报模式还不够完善，数值预报产品解释应用和各类新型气象资料应用能力不够，在一定程度上制约了大气要素预报的精细化和准确率。

再次，现在的气象预测网尺度大，高空预测站相对较少，一些局地性的灾害性天气由于监测站网的密度不够，往往捕捉不到，即使卫星云图可做补充，但范围过大，不足以反映高空暴雨结构。

最后，天气预报属于诊断预测科学，对天气情况进行诊断预测，其准确性随着科技发展和人类认识的进步呈逐步精确趋势，准确率虽不断提高，但难以做到完全准确。

近年来，中国气象局武汉暴雨研究所在中尺度（水平尺度为10~300千米，时间尺度为1小时到10小时）暴雨形成机理、暴雨监测预警技术、中尺度暴雨数值预报技术等方面取得了积极进展，相继推出了一批具有国际国内先进水平、能在业务中较好的应用的科研成果。据有关统计资料，全国气象部门24小时暴雨预报平均准确率近10年提高了2%。

11.山洪防御常识知多少

山洪是指山区溪沟中发生的暴涨洪水。山洪具有突发性、水量集中、破坏力大的特点。山洪及其诱发的泥石流、滑坡等，常造成人员伤亡、财产损失、基础设施毁坏及环境资源破坏等。

我国是一个多山的国家，山丘区面积占国土面积的2/3，山丘区人口占全国总人口的56%。复杂的地形地质条件、独有的地貌特征、多样的气候因素、密集的人口分布和人类活动的影响导致山洪灾害发生频繁，是世界上山洪灾害最严重的国家之一。山洪灾害不仅对我国山丘区的基础设施造成毁灭性破坏，而且对人民群众的生命财产安全构成极大的损害和威胁，已经成为山丘区经济社会可持续发展的重要制约因素之一。

目前，全国有山洪灾害防治任务的国土面积约为463万平方千米，防治区内人口约为1亿，涉及29个省（自治区、直辖市），274个地市州、1 836个县（市、区）。

防御山洪灾害、减轻灾害损失，是当前社会各级人民政府的一项重要工作。一方面，我们要树立“以人为本”的观念，根据山洪灾害的致灾原因和特点，积极采取有效措施，防御躲避，保证人的生命安全。另一方面，我们也应该认识到，人类违背自然规律的活动对环境造成的破坏，以及防灾意识淡薄，又在加重山洪灾害的危害程度。所以，加强山洪灾害防御要科学认识，全面规划，逐步治理，实现人与自然的和谐，从根本上减少人员伤亡和财产损失。

广泛宣传，增强意识

各级政府要在县、乡、村、矿业、机关、学校、企业的广大群众中积极开展山洪灾害防御知识普及教育，要做到家喻户晓，老幼皆知，增强防范意识，提高自防、自救、互救能力。

制定预案，落实责任

要事先制定山洪灾害防御预案，落实各级各类责任人和应急处置措施。

发生暴雨，高度警惕

降暴雨时，要时刻观察房屋周围的溪河水位和山体有无异常。特别是晚上，更应十分警觉，随时做好安全转移的准备。

及时预警，迅速传递

观测到可能引发洪水、泥石流、滑坡的降雨量，要立即采取鸣锣、放铳、打电话、广播等预先设定的报警措施，迅速向可能受威胁的居民传递警报信息。

山塘水库，加强防范

发生大暴雨时，要加强对山塘水库水位、渗漏等情况的观测，如有异常，要迅速转移受威胁群众。

组织转移，有条不紊

安全转移要本着就近、迅速、安全、有序的原则进行：先人员后财产，先老幼病残人员后其他人员；要事先制定转移路线和地点，落实撤离组织人员和责任。

住宅基地，合理选择

建房应选择在平整稳定的山坡和高地，要远离河滩及沟谷等低洼地带。

修路架桥，科学选线

修路、架桥等，要避开山体易滑坡、崩塌区域，特别是不能侵占溪河滩地。

行洪河道，严禁弃渣

严禁向溪流倾倒垃圾、工程渣土等废物废料，以免堵塞河道，严禁侵占河流滩地。

自然生态，人人保护

严禁乱砍滥伐、乱采乱挖、毁林开荒等破坏自然生态的行为。

12.如何应对城市内涝灾害

城市内涝防治是一项系统工程。需要城市的低影响开发，从源头减小雨水径流量，提高排水管渠的设计标准，建设雨水调蓄设施和城市水系，加强雨水排水系统的维护和管理等方面建立起科学的城市防涝体系，才能从根本上防止城市内涝的发生。

低影响开发

低影响开发就是采用各种工程措施使开发后区域的雨水径流总量尽量接近于开发前，并延后径流峰值到来的时间，减少对现有排水设施的冲击。具体的措施有在人行道、停车场和广场等位置采用透水型铺装；绿地标高低于周边路面标高，形成下凹式绿地；在场地条件许可的情况下设置植草沟、渗透池等设施接纳地面径流；屋顶植草，采用生态屋顶调节峰值流量等。

把公园、停车场、运动场等地设计得比其他地方低一点，暴雨时把水暂时存在这里，就不会影响正常的交通，像挪威，他们的做法是多在市区建设绿地，发挥绿地的渗水功能，进行雨水量平衡，实现防灾减灾的目的。

合理制定排水设计标准

加强城市排水规划的研究和编制工作，依据城市总体规划制定排水、污水专项规划，结合当地经济发展水平和经济实力，合理确定适度超前排水标准，以提高城市排水能力，保障城市基础设施的综合承载能力与城市化水平相适应。

加快排水设施建设

在大力推进城镇化进程中，加大排水设施建设的投资力度，加快城市排水管网、泵站等排水设施的建设和改造，努力提高城市排水能力和排水体系科学化、自动化水平。加快雨污分流和老城区低洼地区改造步伐，建设高标准的新城区排水配套设施。

综合治理水环境

在城市规划开发中，充分利用原有的自然水系，综合治理水环境。扩大城市绿化面积，推进绿地建设，充分发挥绿地的渗水功能，减少地面径流。尽可能保留原有的自然水系、湿地，有条件的城市要恢复已填埋的沟河湖塘，建设城市不同方位的雨水调蓄池。

加强管理，确保排水设施正常运行

在建设雨水排水系统的同时，对系统的维护和管理同样重要。要加强对城市排水设施和运行管理的检查，做好排水设施的维修养护，保障排水泵站高效、安全运行。包括对雨水管渠及时清通，保证其排水能力，使用防堵塞的新型雨水口，保证其对雨水径流的收集，对雨水调蓄设施及城市水系及时清淤，保证其有足够的调节容积等诸多方面。

制定预案，提高应急抢险能力

制定城市排涝应急预案，开展应急演练，落实应急措施。根据城市内涝的具体原因，制定抢排方案，配备足够的移动泵车、备用电源等应急设备，以备遭遇突发灾害性天气及时开展抢排，同时，加强应急抢险队伍建设，提高应急抢险处置能力。

加强宣传教育，提高城市居民防灾意识

加强宣传教育，提高城市居民防灾意识，对于减轻城市内涝灾害也是至关重要的。

13.日本是如何防治城市内涝的

日本在20世纪60年代初就把城市防涝作为重要的课题：一是在城市地下广泛建立蓄水池，二是道路等市政设施的建筑材料要有一定的透水性。1972年，日本政府规定：新建和修建的大型公共建筑群必须设置雨水就地下渗设施，正式将雨水渗沟、渗塘及透水地面作为城市总体规划的组成部分。

如今，穿梭于东京、大阪等大城市，会发现很多见缝插针式的小型公园、绿地和广场，有的只在两楼之间，有的在车行道中央。平时这些都是市民休闲娱乐的场所，在降雨时就发挥了集水和排水的功能。此外，在停车场、人行道等处，广泛采用透水性材料，遇到降雨可以迅速将雨水渗透到内层。

千叶县的雨水调蓄设施主要由湿地、跑步道、草坪广场和游戏广场等雨水可渗入的设施组成。在枯水期，人们可以到这里来散步、娱乐和休闲；在丰水期，当暴雨来临时，警报提醒游人疏散，此时的游戏广场、草坪广场作为雨水调蓄渗透塘进行蓄水，暴雨过后储蓄的雨水下渗，在削减洪峰流量的同时补充地下水源。

在2010年上海世博会城市最佳实践区的日本大阪案例馆，有一根最大直径达到12.5米的管子，这是大阪最大的下水管道模型。该馆馆长永井隆裕介绍，“车辆都能在下水管道中自由穿行。如此大直径的下水管道不仅解决了城市泄洪排水问题，还保证了城市污水处理。”

14.德国是如何防治城市内涝的

德国从20世纪60年代起就努力开发各种雨水渗透装置。在新建工业、商业及居民小区前，住宅、厂房、花园等建筑均要设计雨水利用装置。没有雨水利用装置，政府将征收占建筑物造价2%的雨水排放设施费和排放费。对于能主动收集使用雨水的住户，政府则每年给予1 500欧元的“雨水利用补助”。

在德国，即使再大的雨，也很少见到路面有积水。这与城市80%的地面改用透水地面有关。德国的市政，根据不同区域铺就不同的透水路面。人行道、步行街、自行车道、郊区道路等受压不大的地方，采用透水性地砖，这种砖本身可透水，砖与砖之间采用了透水性填充材料拼接。

透水路面不仅解决了积水问题，还平衡了城市生态系统。比如雨水由透水路面渗透入地，可补充地下水资源；还能通透“地气”，可使地面冬暖夏凉，雨季透水，冬季化雪，可以增加城市居住的舒适度；透水地面的孔隙多，地表面积大，对粉尘有较强的吸附力，减少了扬尘污染，也可降低噪声。

在德国汉堡，城市有容量很大的地下调蓄库，在洪水期有很强的调度水量能力。这种大规模的城市地下蓄水，既保证了汛期排水通畅，又实现了雨水的合理利用。

德国推广的新型雨水处理系统——“洼地—渗渠系统”，是包括各个就地设置的洼地、渗渠等组成的设施。这些设施与带有孔洞的排水管道连接，形成一个分散的雨水处理系统。

通过雨水在低洼草地中短期储存和在渗渠中的长期储存，保证尽可能多的雨水得以下渗，不仅大大减少了雨洪暴雨径流，同时由于及时补充了地下水，可以防止地面沉降，从而使城市水文生态系统形成良性循环。

德国的城市下水道为避免口子被堵，在箅子下面专门接一个铁篮子，铁篮子下面才是横向的下水管道。铁篮子的作用就如同家庭中的下水道的弯曲管道。它可以接纳许多污物如树叶、塑料袋、石块，使得这些固体物不能冲入下水道以造成堵塞。同时，城市管理者也容易清除这些下水道的堵塞物。工人只要打开下水道井盖，把铁篮子勾起来，然后提到垃圾车旁，把篮子中的垃圾倒入车斗中，最后对下水道复位。这就能防止下水道井盖的堵塞，有效而迅速地排水。

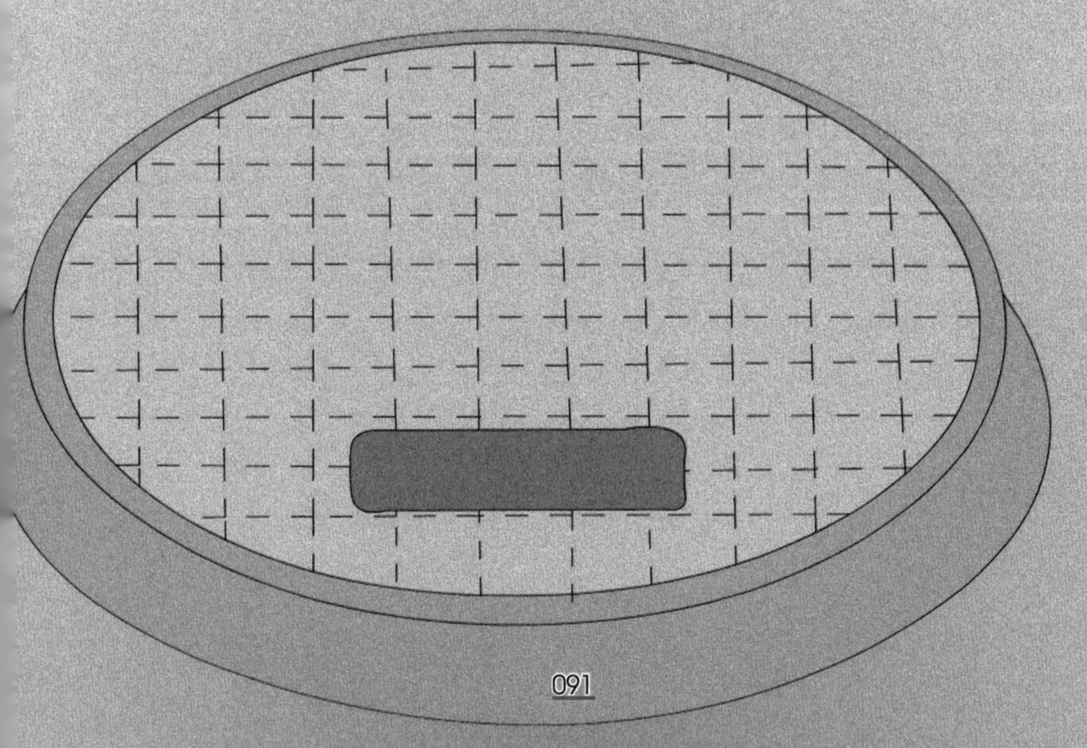

15.我国防汛抗洪新技术有哪些

近年来，我国各级部门在加强各种防汛基础设施建设的同时，也加大了在防汛抗洪新技术方面的投入，这些新技术主要包括以下方面：

计算机网络技术的应用

目前，我国已在全国范围内形成了防汛专网，为实现电子政务系统、建设防汛水利数据中心提供了良好的网络平台。

通信技术的应用

现代通信技术主要包括数字微波通信、卫星通信、光纤通信、短波、超短波通信及移动通信等，它们在全国防汛水情信息传递中起到了至关重要的作用。

实时水情信息查询系统的应用

该系统可检索查询实时雨情及水情信息、含沙量信息、水库信息、报汛站基本信息以及分析统计结果，还可绘制雨量分布图、洪水过程线图、水面线图等。

洪水预报、预警系统的应用

该系统可延长洪水预见期，提高预报精度，为洪水资源化提供准确的决策信息，推进水资源的可持续利用。

防汛可视会商系统的应用

可视会商业务系统是随着多媒体技术与通信技术相结合而逐渐发展起来的。通过水情可视会商系统，国家、省防办及省局可以根据实际情况，及时安排部署防汛抗洪救灾工作。

防汛决策支持系统的应用

该系统是以系统工程、信息工程、专家系统、决策支持系统等技术为手段开发建立的。不但实现了防汛管理信息的查询和部分地区的水资源综合信息查询，而且可以对防汛重点位置进行视频监控，及时采集各类遥测、报汛站的汛情，还可以提供气象云图动态播放、站内搜索等功能。

防汛抗旱指挥调度系统的应用

该系统具有会议大屏幕显示、可视电话、报讯告警、调度指挥、计算机控制、现场指挥等功能。主要由图像显示处理分系统、会务管理分系统、集中控制分系统、通信交换分系统、数字演播分系统等部分组成。

16.人类治水的理念经历了哪些阶段

人类社会的发展轨迹就是一部人类与水互相依存、互相斗争的历史。

从古今中外防洪减灾的历史看，人们处理洪水的理念大致经历了三个阶段。

上古时代，由于生产力和科学文化水平低下，人们对大自然的认识不足，故在“洪水猛兽”面前束手无策。人类为了保护自己，只能是顺应自然，避开洪水的威胁而转移居住地，以保证不断繁衍和发展。

随着社会的发展和生产力水平的提高，人口不断增加，定居点逐步扩大，对土地的需求也日益增加，人类为保护自己的田地和家园，开始向洪水通道和调蓄洪水的湖泊进军，沿河修建起阻挡洪水泛滥的连续堤防，从而进入了与洪水对抗的阶段。

人类依靠各种工程措施对洪水进行了有效地约束和疏导，在防御与控制洪水方面取得了初步胜利之后，人类的主观思想也不断膨胀，梦想与洪水斗争并战而胜之，彻底根治洪水灾害。

于是，在相当长一个时期内，人类无视自然规律的制约，开始无节制地修建众多的工程设施来控制洪水。防洪减灾的能力虽然有了很大程度地提高，但江河调蓄洪水的场所越来越小，生态环境遭到严重破坏，人水不和谐的局面越来越严重。

同时，随着经济社会的发展，人类对水的侵占也日益加剧，人水争地，围湖造田，破坏植被，人类向大自然的一系列不合理索取，使河流、湖泊的天然调蓄功能大大退化，环境破坏严重，涵养水土资源的能力大大降低，从而使洪涝灾害发生的几率大大增加，频率也逐渐增快，损失相对增大。

面对全球不断发生的严重洪涝灾害，人们终于发现尽管不断地增加对防洪减灾的投入，不断地加高加固堤防，但根治洪水灾害的梦想仍无法实现。非但如此，随着人类社会经济的不断发展，洪水灾害所造成的经济损失仍与日俱增，从而陷入经济发展与洪水灾害相互竞争的恶性循环。

人们逐渐意识到，若要最大程度地减轻洪涝灾害造成的损失，需要有意识地主动适应洪水，从无序、无节制地与洪水争地逐渐转变为有序地与洪水协调共处。

新兴的防洪减灾思路就是在科学发展观的指导下，坚持以人为本的理念，对洪水灾害风险进行管理，调整人与水的关系，对江河的整治由过去以防洪为主要目标逐渐转变为以防洪减灾、水资源保障、改善环境及生态系统等多目标的综合整治，并且由对水系的整治转变到对全流域的国土综合整治，在可持续发展的前提下，协调流域内人与水的关系，构建人水和谐的社会。

17.什么是人水和谐的理念

人水和谐的理念，即人类与河流共存、与洪水共存的理念。

与河流共存，即人类对河流的治理，必须尽力维护并改善河流固有的各种基本功能，而不是导致河流的消亡。各种除害兴利的治水措施，应该尽可能减轻对河流生态环境的影响。天然的河流，有输水、输沙、供水、排污、灌溉、航运、维持生态系统等一系列的功能。现代社会中，除自然

原因外，人类不当的或缺乏必要保护措施的开发活动，对河流会构成直接的威胁。比如，流域上游因乱砍滥伐、陡坡开垦、采矿筑路等加速水土流失，导致水库、河、湖淤塞；城镇、企业将河道作为排污水沟，导致河水的严重污染等。此外，由于传统水利是单纯以满足人类的需求为导向的，一旦运用失当，也会对河流构成威胁。如水库为提高供水保障率过量拦蓄河川的基本流量、上游河道过度引水等，是导致河水断流的重要原因。因此，流域内人类的开发活动与河流的治理活动，应在考虑人的发展与安全需求的同时，考虑流域内生态系统的安全，使人与自然相和谐。

与洪水共存，即人类防洪体系的建设，是以将洪水风险控制在可承受的限度之内为目标，而不是消除洪水。人类通过防洪工程体系的兴建，在一定限度上控制了洪水发生的几率与成灾的范围，为生存与发展创造了有利的条件。由于我国总体上防洪标准不高，合理规划、加强防洪工程体系建设，进一步提高防洪标准仍有余地。但是超标准洪水总会发生。随着经济的发展，人们会提出更高的安全保障要求。实践表明，单纯依靠工程手段并不能达到根治河流、消除洪水灾害的目的。不摆脱大灾之后才有大治的模式，期望短期内以高投入显著提高防洪工程标准，水利就难以建立起与国民经济协调发展的关系。再者，洪水具有利害两重性，消除洪水，虽可免除其害，但亦会失去其利。因此，从可持续发展的理念出发，人类的防洪活动，既要考虑如何将重大洪水灾害的风险控制在可承受的限度之内，又要考虑如何提高自身承受洪水风险的能力，以有利于求得人与自然和谐共处的新的平衡点。

18. “给洪水以空间”是什么意思

减轻洪涝灾害需要在一定程度上控制洪水，更需要的是给洪水以出路。通过规范人类自身活动，调整工农业生产布局，防止侵占行洪通道，给洪水以调蓄的空间，减少洪水灾害发生的社会动因，实现人类与洪水和谐相处，以达到趋利避害、减少洪水灾害损失的目的。

20世纪90年代初，美国提出了“给洪水以空间”的新理念，在1993年密西西比河大水后，成为美国洪泛区管理的一种新的动向，并在一些洪泛区开始实施。与此同时，在欧洲，德国也开始改变以往的做法，拆除大堤，让河水重新流回蓄洪区、湖泊中。荷兰也逐渐认识到筑堤只是被动的治水方式，“还河流以弹性”才是治水大计。为此，荷兰专门启动了“给河流空间”项目。近年来，我国也明确提出了“适当扩大洪水出路，增加洪水调蓄空间”的治水新思路，并在长江流域迁移了1 460多个洲滩圩院内的居民，用以增加河湖调蓄洪水能力，增加调蓄供水的容积约130亿立方米。同时，还在淮河干流废除了两岸大堤之间的一些洪区，扩挖了中游的中小洪水行洪通道，有计划地疏浚江河河道、河口和通江湖泊的行洪通道，取得了显著的效益。

在“给洪水以空间”理念下，洪水已渐渐不再被人们视为“猛兽”。“调水调沙”“雨洪利用”——人们正逐步实现由控制洪水向洪水管理的转变。历史经验告诉我们：要加倍爱护和保护自然，尊重自然规律，经济社会发展要充分考虑自然的承载和承受能力，保护自然就是保护人类自己。给洪水以出路，就是给人以生路；给洪水以出路，是人与自然和谐相处的理性选择。人与洪水并非势不两立，人水和谐相处才是可持续发展的本质——实践使人们更加富于理性和睿智。日本荒川河的治理给我们提供了良好的范例。它通过规范人类自身活动，调整工业生产布局，防止侵占行洪通道，给洪水以调蓄的空间，减少洪水灾害发生的社会动因，较好地实现了人类与洪水的和谐共处，成功达到了趋利避害、减少洪水灾害损失的目的。

第三章

洪涝灾害来临怎么办

我国幅员辽阔，几乎每年都有一些地方发生或大或小的洪涝灾害。

在遇到洪涝灾害或者在洪涝灾害易发区活动时，了解一些必要的自救常识，能够有效地帮我们逃离险境。

1.收到洪水警报要做哪些准备工作

严重的洪涝灾害通常发生在河谷、沿海地区及低洼地带。暴雨时节，这些地方的人们就必须格外小心，以防洪水泛滥。发生洪水时，通常有充分的警戒时间。因此，在雨季要多收听洪水预报，一旦收到洪水警报，要尽快做好防洪准备。那么，收到洪水警报后我们应该做些什么呢？

（1）提前疏浚居住地的排水沟，在村、院落及建筑物的周围修筑拦洪坝、围堰等防水设施。

（2）要防止洪水入室，首先应在门槛外(如预料洪水会

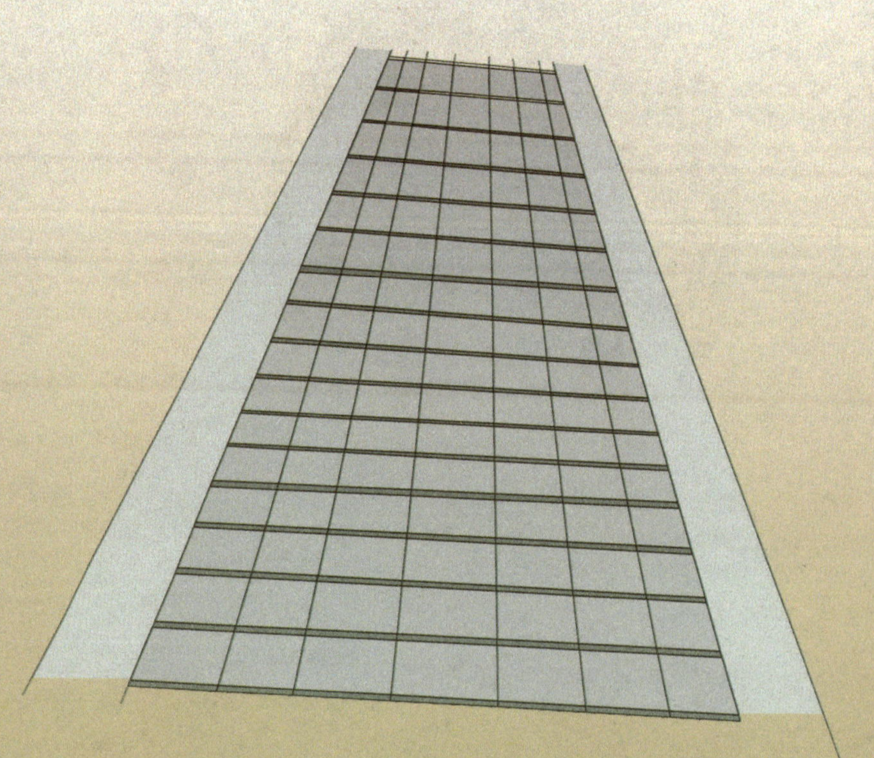

涨得很高，还应在底层窗槛外)垒起一道防水墙，最好的材料是沙袋，也就是用麻袋、塑料编织袋或米袋、面袋装入沙石、碎石、泥土、煤渣等，然后再用旧地毯、旧毛毯、旧棉絮等塞堵门窗的缝隙。

（3）准备好医药、取火等物品，贮备干净的饮用水，保存好各种尚能使用的通信设施，可与外界保持联系。

（4）检查交通工具，保证随时可以转移。扎制木排、竹排，搜集木盆、木材、泡沫、塑料等适合漂浮的材料，加工成救生装置以备急需。

（5）检查自己所处房屋的安全状况。如果房屋危旧或处于低洼地带应迅速转移，转移地点应选择在距家近、地势较高、交通较为方便及卫生条件较好的地方。

2.转移时都要准备哪些物品和注意什么

洪水来临，需要转移时，需准备以下物品。

准备物品

（1）准备一台无线电收音机，以备随时收听、了解各种相关信息。

（2）准备足够的饮用水和日用品，备足速食食品或够食用几天的食品并捆扎密封，以防发霉变质。

（3）准备保暖的衣物及治疗感冒、痢疾、皮肤感染的药品。

（4）准备可以用作通信联络的物品，如手电筒、蜡烛、打火机等，准备颜色鲜艳的衣物及旗帜、哨子等，以防不测时当作信号。

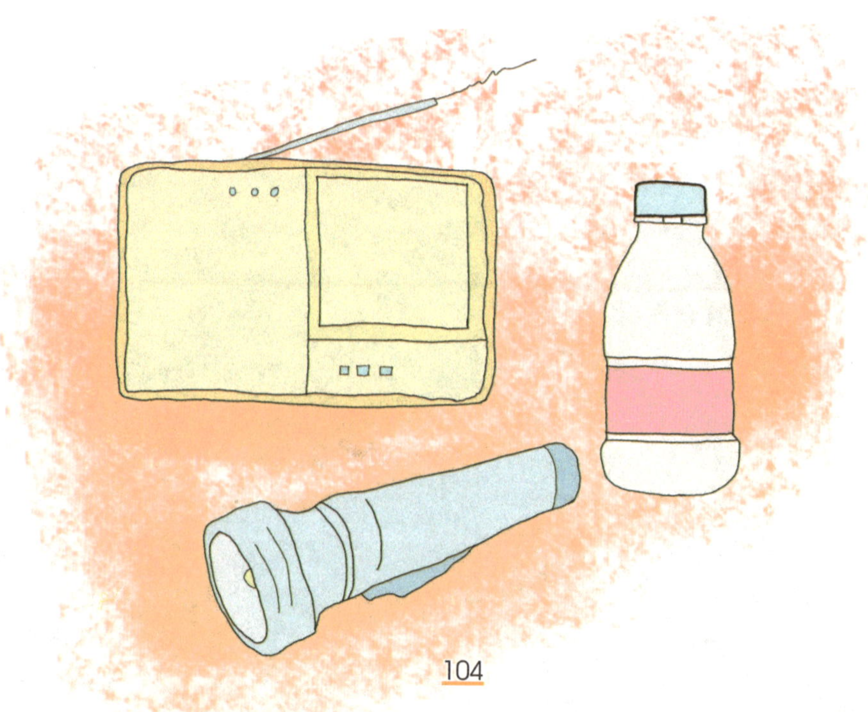

注意事项

（1）将不便携带的贵重物品作防水捆扎后埋入地下或放到高处，票款、首饰等小件贵重物品可缝在衣服内随身携带。

（2）在离开时，关好门窗、关掉煤气阀、电源总开关等。

（3）准备撤离时，要根据当地电视、广播等媒体提供的洪水信息，结合自己所处的位置和条件，冷静地选择最佳路线撤离，避免出现“人未走水先到”的被动局面。

（4）在转移中，要多收听洪水警报，多了解水面可能上涨到的高度和可能影响的区域。

（5）在转移中，要认清路标，明确撤离的路线和目的地，避免因为惊慌而走错路。

（6）在转移中，要保持镇静，避免产生不必要的惊恐和混乱。

3.洪水中如何自救

一个地区短期内连降暴雨，河水会猛烈上涨，漫过堤坝，淹没农田、村庄，冲毁道路、桥梁、房屋，这就是洪水灾害。发生了洪水，如何自救呢?

暴雨袭来时，在野外怎么办

（1）下大暴雨时，不要在河道及沟谷、洼地中行走或停留，因为这里往往是洪水最早到达的地方。

（2） 发现高压线铁塔或是电线断头下垂时，一定要迅速远离，防止触电。

（3）要迅速向高坡及高处跑，或攀登到大树上，如果来不及，应马上用腰带将自己固定在树干上或抱住大树，以免疲惫不堪时，被洪水冲走。

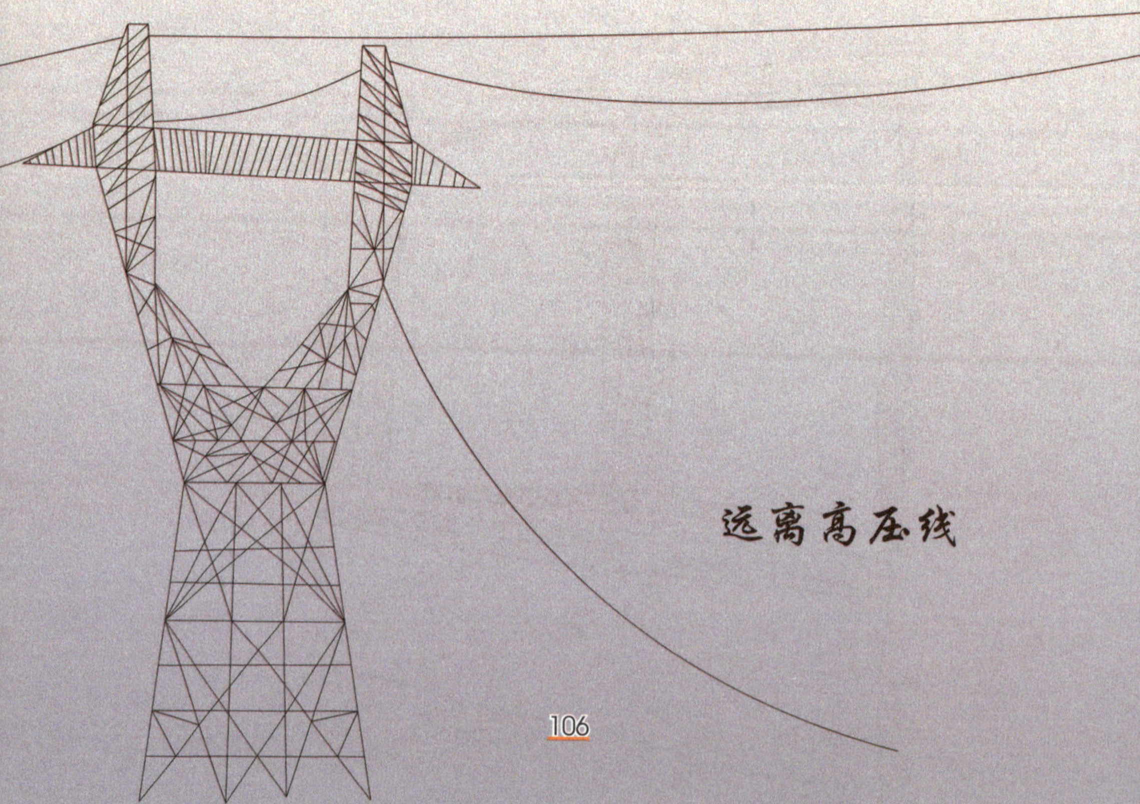

洪水来临时，哪些地方是较安全的避难所

（1）避难所一般应选择在距家最近、地势较高、交通较为方便处，应有上下水设施，卫生条件较好，与外界可保持良好的通信联系。

（2）在城市中大多是高层建筑的平坦楼顶，地势较高或有牢固楼房的学校、医院，以及地势高、条件较好的公园等。

洪水来得太快，已经来不及转移时怎么办

（1）迅速爬向附近山冈、屋顶、楼房高层、附近大树等高处做暂时避险，等待援救。暂时避险处一定要选择在安全坚固的处所，尤其不可选择危房作为暂时避险处。对于家中的财产，不要斤斤计较，更不能只顾财产而忘记生命安全。

（2）在暂时避险处，不要轻易转移，等水停止上涨再设法逃离。除非在洪水可能冲垮建筑物或水面没过屋顶时被迫撤离。

（3）如果水灾严重、水位不断上涨，就必须自制木筏逃生。任何入水能浮的东西，如床板、箱子、柜、门板等，都可用来制作木筏。如果一时找不到绳子，可用床单、被单、衣物等撕开来代替。

（4）如果被困多时，饮用水断绝，可将洪水用衣服过滤后饮用。

（5）如果多人被困，将手机等通讯工具收集起来，只留一个开机，以便接续使用。

（6）当发现救援人员时，在夜晚可利用手电筒及火光发出求救信号。白天可利用镜子、眼镜片的反光或挥动鲜艳衣物等发出救援信号。

驾车时遇到洪水怎么办

（1）除非前面有车辆成功穿越，否则永远不要试图单独穿越被洪水淹没的公路。

（2）驾车时车辆如果在水中出现熄火现象，应立即弃车。在不断上涨的洪水中试图驱动一辆抛锚的车十分危险。

（3）如果驾车落入水中，要保持镇静，不要惊慌失措。应第一时间尝试车门是否能够打开，如果可以打开车门，就要迅速逃离。如果车门已经无法打开，那么就要尝试将车窗迅速摇下。打开车窗的目的是为了让水进入到车内，使得车内外水压保持一致，车门就可以轻松打开。如果车门受损或者无法开启，也可以迅速从车窗逃生。如果车门和车窗都无法打开，就要利用锤子之类的东西砸开车门或车窗玻璃逃生。所以，建议在车内常备一些锤子等可以砸玻璃自救的器械，以备不时之需。从车里向外逃生时，要深呼吸几次，做好憋气潜水的准备。

落入水中怎么办

万一掉进水里，千万不要慌张，一定要保持镇定。

（1）落水后立即屏气并捏住鼻子，避免呛水。利用头部露出水面的机会换气再屏气如此反复。切勿大喊大叫以免水进入呼吸道引起阻塞和剧烈咳呛。

（2）试试能否站起来。如果水太深，站不起来，又离岸较远，就踩水助游，抓住身边漂浮的任何物体，如木板、树木、桌椅等以助漂浮，同时双脚像踏自行车那样踩水，并用手不断划水，伺机等待救援。避免盲目游动，以免体力消耗殆尽。

（3）如会游泳，就游向最近而且容易登陆的岸边。在水中容易因肌肉痉挛（抽筋）而导致溺水，因此，一旦有肌肉痉挛现象，应心平气静，及时叫人援救。同时自己可将身体抱成一团，浮上水面。如果是下肢抽筋，可深吸一口气，把脸浸入水中，用手握住抽筋腿的脚趾用力向前上方拉，使脚趾跷起来，持续用力，直到剧痛消失，抽筋自然也就停止。一次发作之后，同一部位可能再次抽筋，所以对疼痛处要充分按摩和慢慢游向岸边，上岸后最好再按摩和热敷患处。如果手腕肌肉抽筋，自己可将手指上下屈伸，并采取仰面位，以两足游泳。

（4）如不会游泳，千万不要心慌意乱，一定要保持头脑清醒。不能将手上举或拼命挣扎，因为这样反而容易使人下沉。应冷静采取头面朝上，头向后仰，口鼻露出水面，双脚交替向下踩水，手掌拍击水面，尽可能使身体浮于水面。呼气要浅，吸气宜深。迅速观察四周，是否有露出水面的固定物体，并向其靠拢，等待救援。

（5）如果许多人同时落水，可以手拉手，用牵制力共

同抵御洪水。

（6）在洪水中要注意及时躲避漩涡及水中夹带的石块等可能危及身体的重物。

洪水来临时，哪些地方是危险地带

城市环境复杂，洪水暴发，危机四伏，尽量少外出活动为宜。洪水来临时，要远离城市中的以下地带：

（1）危房里及危房周围

（2）危房及高墙旁

（3）洪水淹没的下水道

（4）马路两边的下水井及窨井

（5）电线杆及高压线塔周围

（6）化工厂及贮藏危险品的仓库

农村地形较为开阔，在洪水来临时，要远离以下地带：

（1）河床、水库及渠道、涵洞

（2）行洪区、围垦区

（3）危房中、危房上、危墙下

（4）电线杆、高压线塔下

4.洪水中如何救助落水者

洪水中救助的重点在于互救，互救要求一方面是如何把落水的人救上岸或转移到安全地带，另一方面是如何抢救溺水人员。

落水救助

救护者应保持冷静，如果救护者游泳技术不熟练，则最好携带救生圈、木板或用小船进行救护，或投下绳索、竹竿等，使落水者握住再拖带上岸。如果下水救护，则尽可能脱去衣裤，尤其要脱去鞋靴，迅速游到落水者附近。对筋疲力尽的溺水者，救护者可从头部接近。对神志清醒的溺水者，救护者应从背后接近，用一只手从背后抱住溺水者的头颈，另一只手抓住溺水者的手臂游向岸边。救援时要注意，防止被溺水者紧抱缠身而双双发生危险。如被抱住，不要相互拖拉，应放手自沉，使溺水者手松开，再进行救护。

溺水抢救

溺水是由于人体淹没在水中，呼吸道被水堵塞或喉痉挛引起的窒息性疾病。溺水时可有大量的水、泥沙、杂物经口灌入肺内，可引起呼吸道阻塞、缺氧和昏迷直至死亡。溺水整个过程十分迅速，常常在4～5分钟或5～6分钟内即死亡。因此，对溺水者的抢救，必须争分夺秒。

溺水者被救上岸后应立即清除口鼻中泥沙污物，将舌拉出，保持呼吸道通畅。如尚有心跳、呼吸，可将溺水者俯卧，头低，腹垫高，压其背部排出肺、胃内积水。其方法是：救生者一腿跪地，另一腿屈膝，将溺水者腹部横放在救护者屈膝的大腿上，头部下垂，后压其背部，使胃及肺内水倒出，时间不宜过长，1分钟即可。如呼吸、心跳停止，立即进行人工呼吸和胸外心脏按压，如口对口呼吸、气管插管、吸氧等。经过上述抢救后必须立即送医院继续进行复苏后的治疗。作为救护者一定要记住：对所有溺水休克者，不管情况如何，都必须从发现开始持续进行心肺复苏抢救。

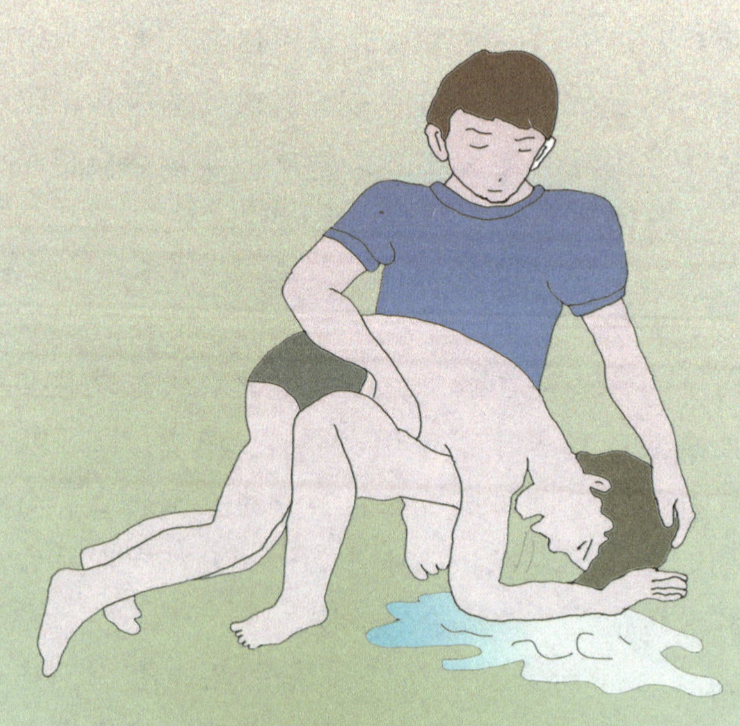

5.住在山洪灾害易发区应注意什么

（1）避免在低洼地带、山体滑坡威胁区域建房，避免将房屋建在受河道出槽、洪水顶冲的地方。

（2）避免人为侵占河道自然行洪断面。

（3）熟悉周围环境，每年夏初要对房前屋后进行检查，观察房前屋后是否有山体开裂、沉陷、倾斜和局部位移的变化。

（4）进入汛期后，要随时提高警惕。经常收听、收看气象信息和相关部门发布的灾情预报，密切关注和了解所在地的雨情、水情变化，做到心中有数。

（5）进入汛期后，要自备必要的防水、排水设施，如帆布、编织袋、沙石、木板、抽水泵等。

（6）进入汛期后，必须事先熟悉居住地所处的位置和山洪隐患情况，确定好应急措施与安全转移的路线和地点。

（7）如发现井水浑浊、地面突然冒浑水、动植物出现异常反应等明显的前兆，要沉着冷静，千万不要慌张，迅速果断撤离现场。

（8）遇连降大暴雨时，必须保持高度警惕，特别是晚上，如有异常，应立即组织人员迅速撤离，就近选择安全地方落脚，并设法与外界联系，做好下一步救援工作。

（9）撤离时，应该选择安全的预定路线，有组织地向山坡、高地等处转移。千万不要顺山坡或山谷出口往下游跑，更不能涉水过河。

（10）居住在警戒区的居民，也应随时做好抢险救灾、安全转移的必要准备。

6.第一时间发现山洪应该做什么

山洪灾害往往是始发于某一地点，迅速形成洪水、泥石流，袭击下游沿线，该地的监测责任人或第一个发现灾害的村民能否在山洪灾害初发时快速、准确地报警，对于能否减免山洪灾害造成的损失至关重要。

首先在平时应做好宣传工作，使群众了解熟悉报警信号和应对办法；一旦险情来临或山洪初发，监测责任人或第一个发现灾害的村民，马上采取鸣锣、打电话、拉报警器等预先设定的、群众知道的信号，责无旁贷地迅速向下游村组、农户报警，同时向当地政府及防汛部门报告，以便政府和防汛部门立即向下游更大范围释放警报、广播通知或通信警报，组织抢险救援。

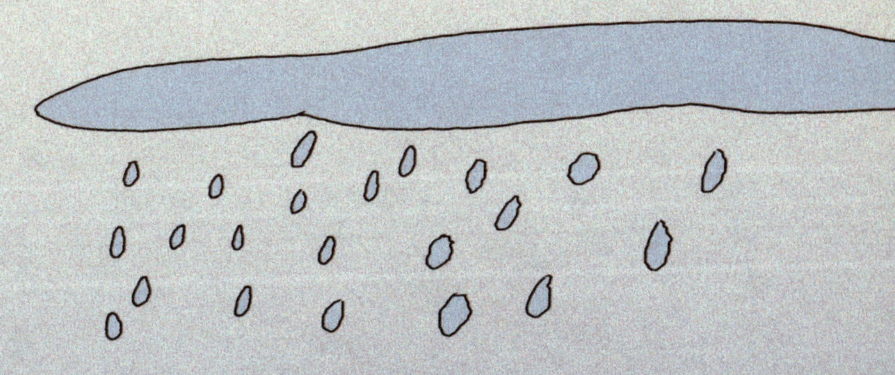

7.遭遇突发山洪怎么办

（1）保持冷静，迅速判断周边环境，尽快向山上或较高的地方转移。如一时无法躲避，应选择一个相对安全的地方避洪。

（2）受到洪水包围的情况下，要尽可能利用船只、木排、门板、木床等，做水上转移。

（3）山洪暴发时，不要沿着行洪河道方向跑，而要向两侧快速躲避。

（4）山洪暴发时，千万不要涉水过河。

（5）被山洪困在山中，应及时与外界取得联系，寻求救援。

8.外出旅游遭遇山洪怎么办

一般来说，在山洪灾害多发季节不宜到山洪灾害频发区旅游。外出旅游前，旅行者要充分了解目的地的地质情况，在不熟悉的山区旅行，要有向导，要避开山洪灾害频发地区和地质不稳定地区，并随时收听、收看当地气象预报，合理安排好自己的旅游行程。

一旦遭遇山洪袭击，一是要迅速判断现场环境，一定要尽快离开低洼地带，马上寻找较高处，选择有利地形躲避；躲避转移未成时，应选择较安全的位置固守，等待救援，并不断向外界发出救援信号，及早求得解救；二是要与其他被困旅客保持集体行动，听从管理人员的指挥，不单独行动，避免情况不明陷入绝境；三是如能及早脱险，应迅速向当地管理部门报警，并主动服从当地有关部门指挥，积极参加救援行动。

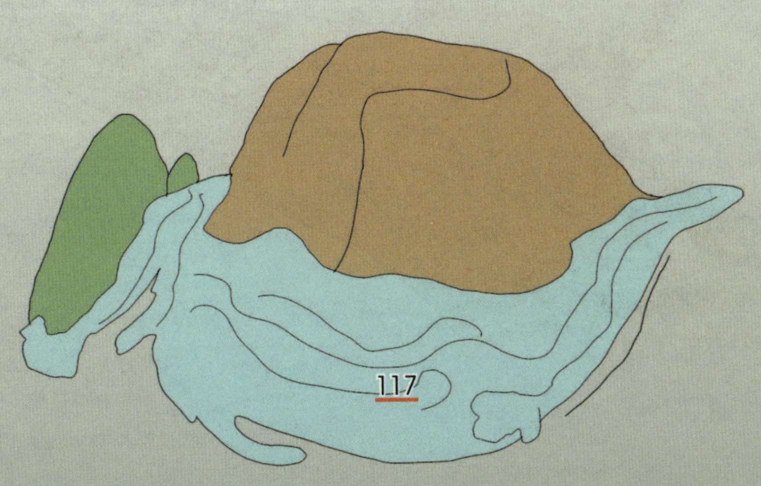

9.遇到泥石流如何避险

（1）在沟谷内逗留或活动时，一旦遭遇大雨、暴雨，要迅速转移到安全的高地，不要在低洼的谷底或陡峻的山坡下躲避、停留。

（2）留心周围环境，特别警惕远处传来的土石崩落、洪水咆哮等异常声响，这很可能是即将发生泥石流的征兆。

（3）发现泥石流袭来时，要马上向沟岸两侧高处跑，千万不要沿着沟方向往上游或下游跑。

（4）暴雨停止后，不要急于返回沟内住地，应等待一段时间。

（5）野外扎营时，要选择平整的高地作为营地，尽量避开坡下或谷底、沟底。

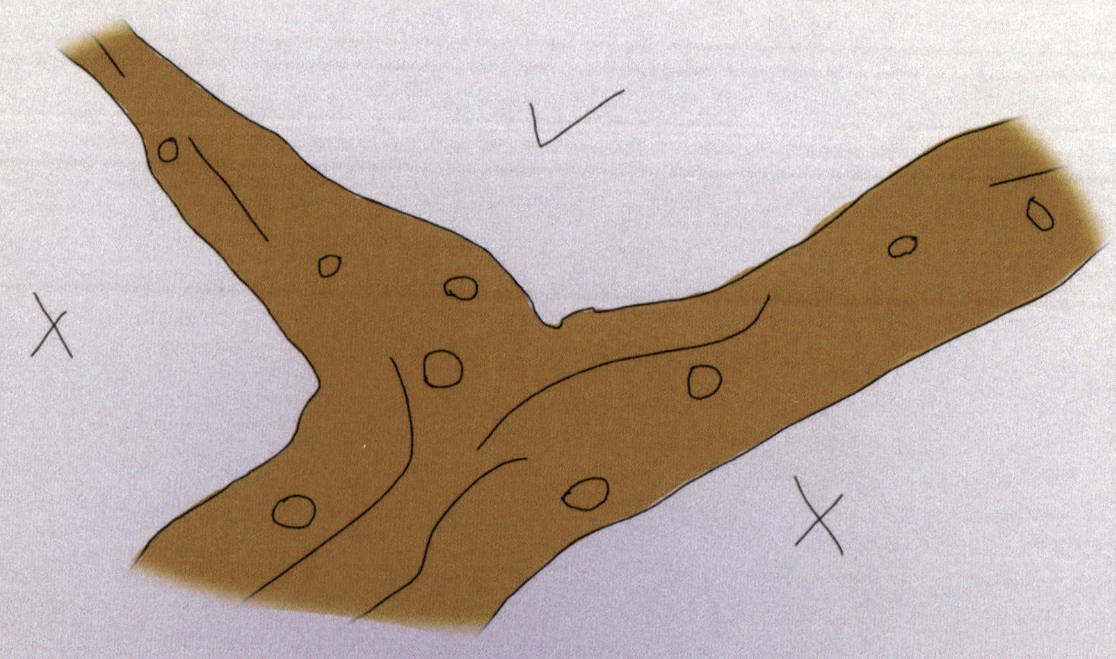

10.洪灾期间易发生哪些疾病

洪涝灾害导致生态环境的改变，容易引起疾病暴发和流行。

洪水淹没了农田、村庄，破坏了人们的生活、生产秩序，改变了人们的生活环境，对传染病源和传播途径产生影响，从而导致传染病的流行。

由于洪水淹没了某些传染病的疫源地，使啮齿类动物及其他病原宿主分散、迁移和扩大，引起某些传染病的流行。

钩端螺旋体病（简称钩体病）因洪水引起疫源地的扩散、多次暴发流行。如安徽省1971年水灾曾暴发钩体病10万多人。1975年，河南驻马店也因水灾暴发钩体病360万例，1963年河北、1986年广东梅县和广西龙州的洪灾之后都有钩体病暴发流行。

出血热是受洪水影响很大的自然疫源性疾病。由于洪水的淹没，啮齿类动物的种群发生变化，野鼠栖息地的改变引起疫源地的变化，多次出现水灾后的出血热暴发流行，如1983年，湖北荆门由洪水发生出血热的暴发流行。1991年，安徽水灾时出血热的老疫区淮河流域遭灾，扩大了疫源地，出血热的发病比上年增加了68.1%。

洪涝灾害对血吸虫的疫源地也有直接的影响，如因防汛抢险、堵口复堤的抗洪人们与疫水接触，常暴发急性血吸虫病。湖北省1991年水灾期间上堤抗洪民工约500万人与疫水接触，估计感染急性血吸虫病近万人，新增病例30万人以上。

洪涝灾害改变生态环境，扩大了病媒昆虫孳生地，各种病媒昆虫孑密度增大，常致某些传染病的流行。疟疾是常见的灾后疾病。1991年，安徽水灾暴发疟疾达340万例，河南汤阴地区水灾暴发疟疾流行的发病率高达25.8%。湖北1991年也因水灾使蚊子密度增加引起乙脑的流行。

洪涝灾害淹没粪池、畜厩，污染水源和食物，并因灾使苍蝇大量孳生，给肠道传染病流行提供了条件。过去水灾之后引起霍乱、伤寒和痢疾的暴发流行，曾在我国流行病学历史上留下苦痛的记录。当今世界上发展中国家每遭水灾也常有肠道病的暴发流行。由于洪水毁坏食物资源，灾民饥不择食，也增加了食源性疾病的暴发因素。

由于洪水淹没或行洪、蓄洪，需要相关人员的大量移动。一方面是传染源转移到非疫区，另一方面是易感人群进入疫区，这种人群的移迁潜存着疾病的流行因素，如流感、麻疹和疟疾都可因这种移动引起流行。一些多发病如红眼睛、皮肤病等也可因人群密集和接触，增加传播机会。

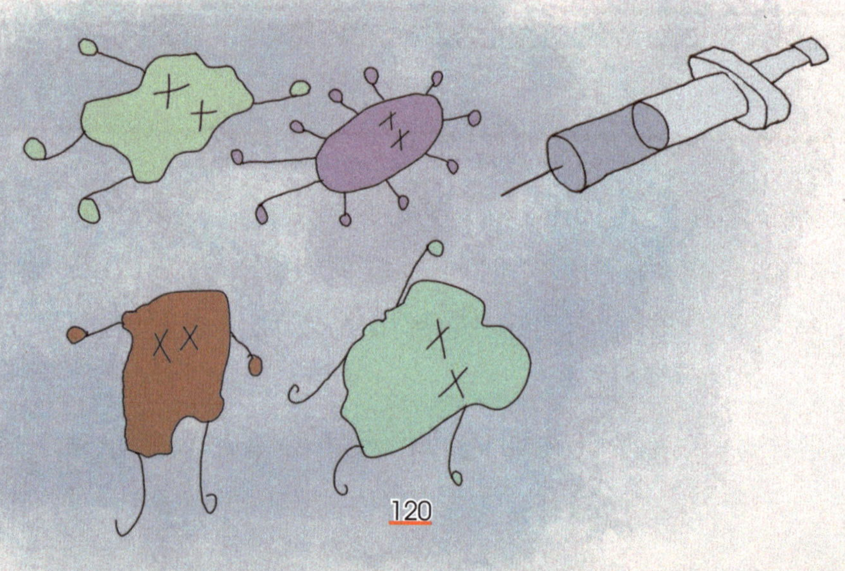

洪水毁坏住房，灾民临时居住于简陋的庵棚中，白天烈日暴晒，易致中暑；夜间风吹、虫咬。且灾期多暴雨，终日浸泡于雨水之中，易于着凉感冒。特别是对年老体弱、儿童和慢性病患者，增加发病和死亡的危险。

受灾时食物匮乏，营养不良，免疫力降低，使机体对疾病的抵抗力下降，易于传染病的发生。由于受灾的心情焦虑，情绪不安，精神紧张和心理压抑，影响机体的调节功能，易导致疾病的发生。增加一些非传染性病和慢性病发作机会，如肺结核、高血压、冠心病及贫血等都可因此而复发或加重。

11.如何做好灾后防疫工作

灾情促发疫情，疫情加重灾情，为确保洪涝灾害之后无大疫，必须做好灾区的防疫工作。

（1）广泛开展群众性的爱国卫生运动。在水灾期间，利用各种宣传工具，宣传灾害期间饮水消毒、食品卫生、环境卫生及有关的防病知识，提高灾民卫生素质，养成个人卫生习惯，增强灾民的自我保健能力。

（2）强化灾区预防性的干预措施，加强环境卫生管理。清除垃圾、污物，掩埋动物尸体，进行粪便和家畜管理，改善居住环境。积极保护水源，开展打井或饮水消毒，使灾民有清洁饮水。

（3）控制传染源，阻断传播途径。在某些传染病疫区，应有重点的控制传染源，开展自然疫源地的灭鼠活动，在灾民密集的庄台、堤坝，清除蚊蝇孳生地，有效地控制和消灭病媒害虫。强化食品卫生管理，防止“病从口入”，控制食源性疾病的发生。

（4）加强疫情监测，建立住处反馈网络。在重点灾区或传染病多发地区设立疫情监测点，严密监视疫情动态，及时反馈信息，及时通报和报警，以便采取预防决策。

（5）提高人群免疫水平。有必要对某些疾病进行疫苗的应急接种和服药预防，如钩体病接种疫苗，以及麻疹、脊髓灰质等，对控制灾区的传染病暴发流行都有重要的作用。

（6）加强特殊人群的健康保护，维护灾民身体健康。儿童、老、弱、病、残及孕妇等特殊人群的身体抵抗力差，由于灾害期间过度疲劳和紧张，环境恶劣、营养不良、生活不安定、日晒雨淋和虫咬，日夜不能安息，极易患病。因此，对这类特殊人群应采取预防性保健，这对控制疾病流行都是非常必要的。

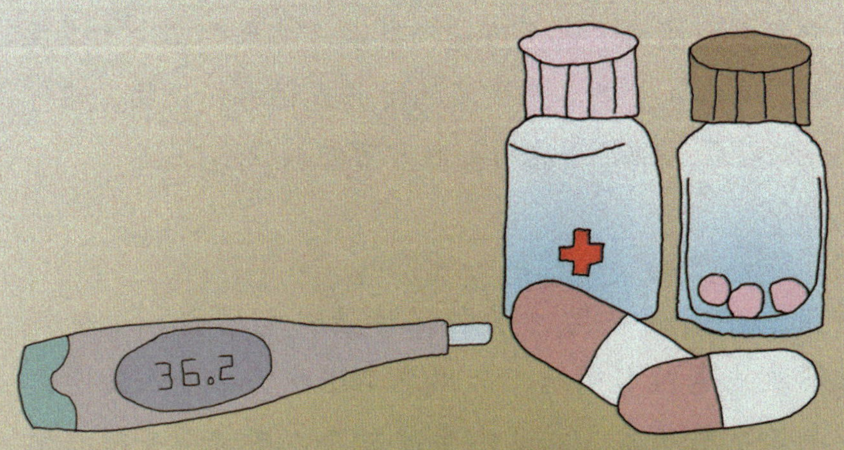

12.洪灾期间如何保证饮水卫生

在洪涝灾害期间，由于洪水巨大的冲击力，致使管网设施遭受破坏，供水构筑物及水井受淹，造成正常供水中断。供水水源遭受不同程度的污染，尤其在农村因暴雨冲刷农田，洪水暴涨淹没厕所、粪缸、禽畜窝圈，致使人畜粪便、垃圾、动物尸体及多种杂物从地面流入水体，严重影响水体水质；有毒有害物质如农药、化肥、工业毒物等冲入水中也会造成水体污染。为此，在受灾地区应采取相应的应急措施来保证安全卫生的饮水。

加强饮水卫生的宣传

对灾区群众要开展相关的健康教育，用通俗易懂的语言使灾区群众了解饮水卫生的常识。注意做到自觉保护饮用水源；不饮用来源不明的水，不用浑浊、有颜色水洗漱；饮用水要煮开喝，要消毒；水桶、水缸勤刷洗等。

饮水水源选择

洪涝灾害期间饮用水水源应选择泉水、井水，其次才考虑河水、湖水、塘水等。洪水淹没了的水井或供水构筑物，应停止供水，待水退后经彻底清洗消毒后方可继续供水。

临时性供水

正常供水中断的灾区，采取临时性供水措施。如使用瓶装水来解决应急饮水问题；采用水车送水，由专人负责，做好水车和饮水的消毒，注意水车要加盖，水管不要拖在地上，防止龙头污染等；还可以临时将一些就近的公共设施改为蓄水池，要注意蓄水前必须对池底与池壁进行彻底的清理与消毒，蓄水后要设共用取水桶或设龙头取水，要投加漂白粉或漂白粉精进行消毒。

饮用水的处理和消毒

饮用水的处理主要有澄清、过滤和混凝三种方法。

澄清：取水后将原水放置，较粗大颗粒物可在数分钟内自然沉淀去除。

过滤：如缺乏水处理药剂时，可采取沙滤的方法把水中杂质分离出去。沙滤就是在水池、水桶等底部铺上沙石粒子，下部打孔引水的过滤方法。

混凝：在原水中投放混凝剂可大大加快水中悬浮物质的沉淀。一般用的混凝剂有明矾(硫酸铝钾)、硫酸亚铁、聚合氯化铝等，这些净水剂应储存在干燥、阴凉的地方，防止潮解失效。

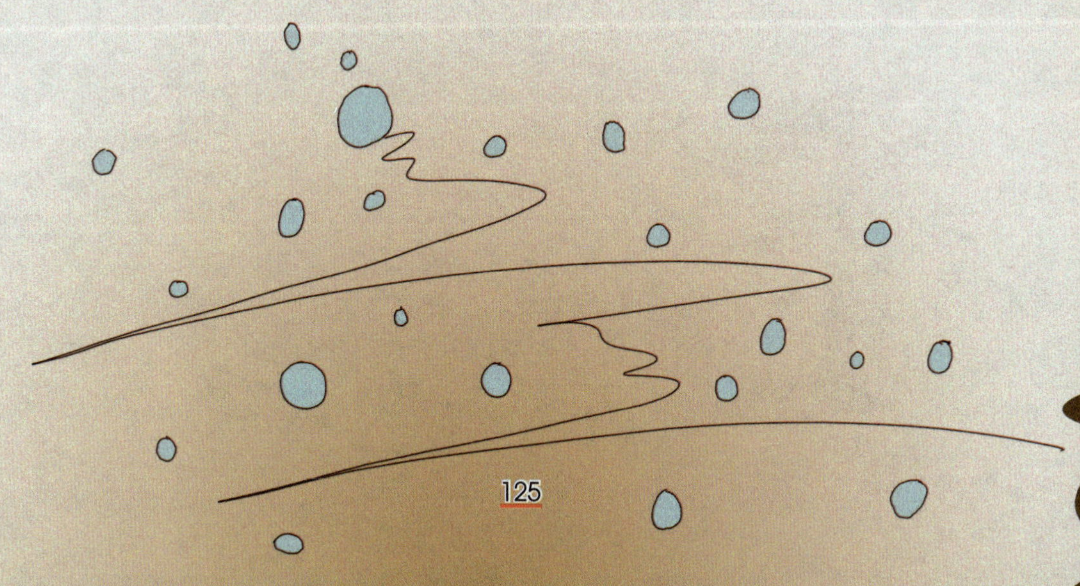

经上述沉淀和过滤的水中病菌已大大减少，但仍不能保证符合卫生要求，尚需进一步消毒后才能成为安全饮用水。漂白粉和漂白粉精是最常用的饮水消毒剂。煮沸也是十分有效的消毒灭菌方法。

退水后的供水设施消毒

被洪水淹没过的水源或供水设施，重新启用前必须清理消毒，检查细菌学指标合格后方能启用。经水淹的井必须进行清淘、冲洗与消毒。先将水井掏干，清除淤泥，用清水冲洗井壁、井底，再掏尽污水。待水井自然渗水到正常水位后，进行超氯消毒。漂白粉投加量按井水量以25～50mg/L有效氯计算。浸泡12～24小时后，抽出井水，再待自然渗水到正常水位后，按正常消毒方法消毒，即可投入正常使用。

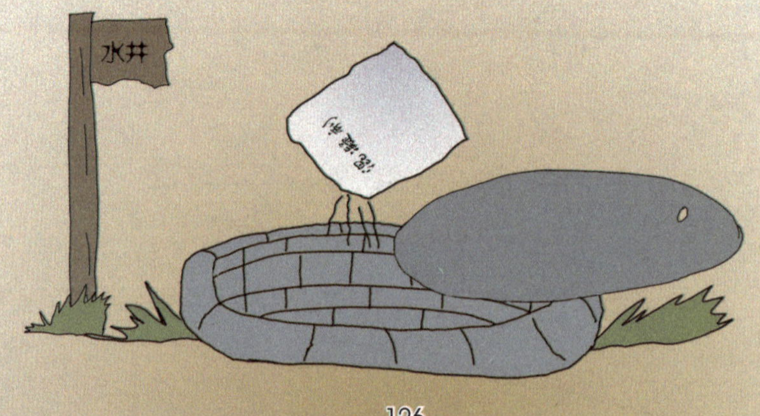

13.如何保护自身健康，减少疾病发生

洪灾期间和灾后，为保护自身健康、减少疾病发生，灾区群众应做到如下几点。

（1）注意饮用水卫生。不喝生水，只喝开水或符合卫生标准的瓶装水、桶装水；装水的缸、桶、锅、盆等必须保持清洁，并经常清洗；对取自井水、河水、湖水、塘水的临时饮用水，一定要进行消毒；浑浊度大、污染严重的水，必须先加明矾澄清；漂白粉必须放在避光、干燥、阴凉处。

（2）注意食品卫生。不吃腐败变质或被污水浸泡过的食物；不吃剩饭剩菜，不吃生冷食物；不吃淹死、病死的禽畜和水产品；食物生熟要分开；碗筷要清洁消毒后使用；不要到无卫生许可证的摊位购买食品。

（3）注意环境卫生。洪水退去后，应清除住所外的泥污，垫上砂石或新土；清除井水污泥并投以漂白粉消毒；将家具清洗后再搬入居室；整修厕所，修补禽畜圈；不随地大小便，粪便、排泄物和垃圾要排放在指定区域。

（4）加强家畜的管理。猪要圈养，搞好猪舍卫生，不让其尿液直接排入河水、湖水、塘水中，猪粪等要发酵后再施用；管好猫、狗等家禽动物；家畜家禽圈棚要经常喷洒灭蚊药；栏内的禽畜粪便要及时清理。

（5）做好防蝇灭蝇、防鼠灭鼠、防螨灭螨等媒介生物控制工作。粪缸、粪坑中加药杀蛆；室内灭蝇，食物用防蝇罩遮盖；动物尸体要深埋，土层要夯实；当发现老鼠异常增多的情况，及时向当地有关部门报告。保持住屋和附近地面

整洁干燥，不要在草堆上坐卧、休息。

（6）注意手部清洁，不用手尤其是脏手揉眼睛。各人的毛巾、脸盆、手帕应当单用，如果不得不与传染病人共用脸盆，则应让健康人先用，病人后用，用完以肥皂将脸盆洗净。

（7）如果感觉身体不适，要及时找医生诊治。特别是发热、腹泻病人，要尽快寻求医生帮助。

（8）在血吸虫病流行区，不接触疫水是预防血吸虫病最好的方法。接触疫水前，在可能接触疫水的部位涂抹防护药，穿戴防护用品，如胶靴、胶手套、胶裤等；接触了疫水应主动去血防部门检查，发现感染应及早治疗，以防止发病。

（9）注意心理健康。保持积极的心理状态，保持良好的生活规律。

（10）关注特殊人群护理。为老、弱、病者尽量营造好一点的生活和居住环境，减少疾病和死亡的发生。

第四章

洪涝灾害的伤痛记忆

我国特殊的地理条件，决定了降水年内时空分布不均，年际变幅很大，加之人口众多，受水旱灾害威胁的土地不断开发利用，导致水旱灾害频发，损失严重。据不完全统计，自公元前206~公元1949年的2 155年间，较大的洪水灾害有1 092次。新中国成立后，我国政府高度重视防洪抗旱减灾体系建设。但是，随着气候变化加剧，极端天气事件增多，人口、社会财富向洪水风险区高度集中，社会对防洪抗旱安全保障的要求越来越高，洪涝灾害问题变得更为复杂。

1.历史上的黄河改道

黄河，古称“河”，是中华民族的摇篮，是炎黄子孙的母亲河。它记载着中华民族的悠久历史，孕育了浩瀚无比的民族文化。然而，这条“母亲河”也给我们带来很多灾难。历史上黄河两岸以水灾严重而著称。由暴雨洪水和冰凌洪水造成的水灾遍及全河的上、中、下游。据历史文献记载，自公元前602年（周定王五年）至1938年的2540年中，黄河在下游决口泛滥的年份达543年，有的一年中决溢多次，总计决溢达1 590多次，并有26次大的改道。水灾波及冀、鲁、豫、皖、苏5省区，总面积约25万平方千米。

黄河以泥沙多而闻名。古籍中常以“河水一石，其泥六斗”及“黄河斗水，泥居其七”等来描述黄河的多泥沙状况。泥沙在下游河道不断淤积，形成河床高出两岸地面的“地上悬河”，一旦洪水破堤决口后，往往不再回归原河道，而走新辟的河道入海，形成河流改道。每次改道，都要冲毁当地的村舍田园，破坏原有的水系和交通设施等，给人民带来巨大的灾难。

2.1915年珠江洪水

1915年6月下旬至7月上旬，珠江流域各地连降暴雨，导致发生流域性的大洪水。西江高要站的洪峰流量为54 500立方米/秒，北江石角站的洪峰流量为22 000立方米/秒。根据水文资料计算，西江、北江这次洪水重现期均为200年一遇。西江、北江洪水相遇，再加上东江也同时发生洪水，造成珠江三角洲遭遇200年一遇的特大洪水，北江大堤溃决，广州市被洪水淹没7天，珠江三角洲农作物受灾面积648万亩，绝收面积450万亩，灾民378万人，死伤约10万人。位于西江上的梧州市，洪水浸至沿江三层楼房，80%街道受淹，水深3~5米，郊区百万亩农田汪洋一片。这次洪灾损失，据珠江水利委员会按1981年水平计算，损失高达100亿元，其中仅广州市就损失30亿元。

3.1931年长江洪水

1931年7月，长江中下游连续降雨近一个月，雨量超过常年同期雨量两倍以上，长江干支流洪水猛涨。7月下旬长江中下游梅雨结束后，雨区转向长江上游，金沙江、岷江、嘉陵江发生大水，以岷江洪水最大。上游川江洪水和中下游洪水遭遇，沿江水位长时间居高不下，汉口以下干流洪水位超过警戒水位的时间长达3个月，造成严重洪涝灾害。江汉平原、洞庭湖区、鄱阳湖区、太湖区大部分被淹，武汉市水淹达100天之久。湖北、湖南、安徽沿江沿湖一片汪洋，京汉铁路长期停运，津浦铁路中断行车54天。据统计，当年长江中下游受灾人口2 887万余人，死亡人口14.54万人，农作物受灾面积5 660万亩，损毁房屋178万间。

4.1938年黄河花园口决口

1938年5月，日本侵略军在控制津浦铁路和陇海铁路后进逼开封。国民党军为阻止日军进攻，于当年6月初先后在河南中牟县赵口和郑州花园口炸堤扒口。洪水自花园口坡堤而出，直泄东南，在安徽怀远一带汇入淮河，造成黄淮之间一场惨绝人寰的水灾。泛区腹地，尤以鄢陵、扶沟、西华、尉氏、太康、淮阳等县损失惨重。洪水到达时，只见丈余高的水头铺天盖地而来，千米平原顿成泽国。泛区范围从花园口以下，由西北到东南，长约400千米，宽30~80千米。据统计，河南、安徽、江苏3省有44县（市）54 000多平方千米的土地和1 250万人口遭受本次黄河洪水的袭击，共造成89万人死亡。中牟、通许、尉氏、扶沟、西华、商水6县的人口总数只有受灾前的38%，除了部分人口外逃他乡，其余则因水灾或疾病丧命，洪水过后，黄泛区出现一片千里无人烟的景象。

5.1954年长江洪水

1954年7~8月间，长江流域汛期普遍降雨，并有多次暴雨过程，导致中下游地区发生特大洪水。长江干流上自枝城，下至镇江，均超过历年纪录的最高洪水位，汉口最高洪水位超出1931年最高洪水位1.45米，洪峰流量达76 100米/秒。由于新中国成立后加高加固了堤防，兴建了荆江分洪工程，又采取了一系列临时分洪措施，终于保住了荆江大堤以及武汉市的安全。但长江中下游受灾损失仍很大，湖北、湖南、江西、安徽、江苏等5省，有123个县（市）受灾，淹没农田4 755万亩，受灾人口1 888万人，死亡3万余人，京广铁路不能正常通行达100天。洪灾还带来一系列经济、社会问题，对整个国民经济的发展都产生了相当严重的影响。

6.1954年海河洪水

1954年夏季，海河流域及周边地区降雨较频繁，部分地区降了暴雨，降水量比常年明显偏多，海河流域大部降水量一般有600~900毫米，局部在1 000毫米以上，山西、山东、辽宁及内蒙古等地的不少地区降水量也有300~450毫米，局部在500毫米以上。据不完全统计，河北、北京、辽宁、山东、天津、内蒙古、山西等省（市、区）因暴雨洪涝受灾农作物456万公顷，死亡753人，倒塌房屋111.3万间。

7.1963年海河洪水

1963年8月上旬，海河流域南运河、子牙河、大清河水系发生了有水文记载以来的最大暴雨洪水。雨区沿太行山形成南北长440千米、东西宽90千米、降雨量超过600毫米的雨带，暴雨中心的邢台獐貘站8月4日一天雨量达865毫米。漳卫河、子牙河、大清河三水系各干流支流相继于8月3~5日开始涨水，洪水越过京广铁路深入平原，冀中、冀南平原地区平地行洪，尽成泽国。

洪水期间，上游的大型水库发挥了拦洪削峰的作用，下游独流减河、津浦铁路25孔桥、四女寺减河等泄洪入海工程充分泄洪，加之天津外围洼淀的合理调度运用，确保了天津市的安全。但是由于此次洪水突发性强，各河流量超过设防标准甚多，所造成的损失仍很严重。据河北省统计资料显示，邯郸、邢台、石家庄、衡水、保定、沧州、天津7个专区共104个县（市）遭受洪涝灾害。其中，被水淹没的县

（市）28个，被洪水围困的县城33座。保定、邢台、邯郸3市市区水深2~3米。在2万多个受灾村庄中，倒塌房屋1 265万间，受灾人口2 200万。工矿企业、交通、电讯遭受严重损坏。邯郸、石家庄、邢台、保定有225个工矿企业停产。京广、石德、石太铁路被水冲毁822处，京广铁路27天不能通车。7个专区的公路交通几乎全部停顿。水利工程也遭受严重破坏：刘家台等5座中型水库失事，330余座小型水库被冲坏。三大水系主要河道决口2 400处，支流决口4 489处，滏阳河全长350千米的堤防全部漫溢，溃不成堤。这次洪水总计淹没农田6 600万亩，直接经济损失约60亿元。

8.1975年淮河洪水

1975年8月上旬，3号台风“尼娜”在福建省登陆，后深入内陆到达河南省境内，停滞少动，造成连续3天特大暴雨。暴雨从8月4日持续到8日，历时5天，其中5~7日连续3天特大暴雨，降雨量超过600毫米的面积达8 200平方千米。暴雨中心在汝河上游林庄，24小时降雨量1 063.3毫米，暴雨强度之大为我国有纪录以来首位。淮河支流汝河、沙颍河水系发生了我国历史上罕见的特大暴雨洪水。由于来水过大，老王坡、泥河洼等蓄滞洪区漫决，沙河、洪汝河洪水漫溢决口，板桥、石漫滩两座大型水库8日失事垮坝。板桥水库距京广铁路45千米，垮坝最大流量78 800立方米／秒，形成一个高5~9米、宽12~15米的洪峰，冲毁铁路102千米，中断行车达18天之久。据统计，此次洪水最大积水面积达1.2万平方千米。河南省29个县（市）1 700万亩农田被淹，1 100万人口受灾，2座大型、2座中型及44座小型水库失事。

9.1991年淮河洪水

1991年5月中旬至7月中旬，江淮地区发生了3次大面积暴雨。6月中旬，流域中南部普降暴雨，累计降雨量200~400毫米，蚌埠暴雨中心1小时雨量101毫米，为200年一遇。6月下旬至7月上、中旬，淮河水系再降大到暴雨，淮南累计降雨量300毫米，大别山区、淮河下游及里下河地区累积降雨量400毫米，暴雨中心点吴店站累积降雨量为1 125毫米。洪泽湖蒋坝最高水位达14.06米，三河闸最大泄洪量8 485立方米/秒，入江水道金湖最高水位11.69米，超过历史最高纪录0.5米。据统计，1991年淮河全流域受灾面积8 275万亩，其中79%为涝灾，成灾面积6 024万亩，受灾人口5 423万人，死亡500多人，倒塌房屋196万间，直接经济损失达340亿元。京沪、淮南、淮阜铁路多次中断，大部分公路干线被淹没，数千家工厂被洪水围困，处于停产、半停产状态，造成的间接损失及影响十分严重。

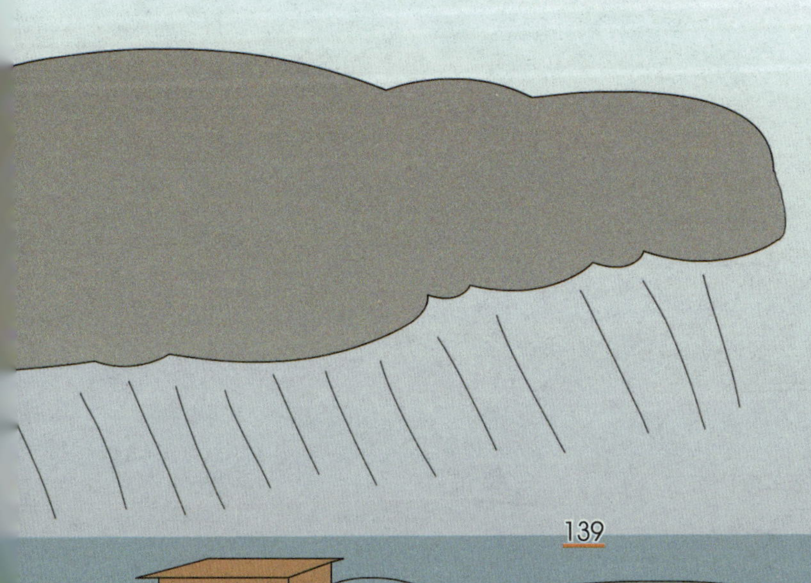

10.1993年青海沟后水库垮坝洪水

1993年8月27日，位于青海省共和县恰卜恰镇的沟后水库，由于钢筋混凝土面板漏水和坝体排水不畅，造成了灾难性的垮坝事故。这座钢筋混凝土面板坝的溃决产生的大洪水，给当地人民群众的生命财产造成了巨大的损失。

从1990年10月水库建成至垮坝前，先后蓄水运行四次。垮坝前，水位在3 261至3 277米间持续运行43天。垮坝当天中午12时左右实测水位为3 277米，21时水库值班员在值班室突然听到大坝处如闪雷巨响，随后又听到很大的流水声和滚石声音，看见坝上石头滚动撞击的火花，紧接着在下游坝脚听到坝上明显的流水声，且声音愈来愈大，直至22时40分左右大坝溃决。23时45分左右洪水冲到距水库下游13千米处的、有3万人居住的海南藏族自治州州府、共和县县府所在地恰卜恰镇。溃坝洪水最大流量为2 780立方米/秒，至恰卜恰镇的最大洪水流量为1 290立方米/秒，下泄水量约268万立方米。由于大坝溃决发生在深夜，洪水下泄集中，超过汛期设防标准的5倍以上，造成了巨大的灾难性的损失。经核实，现场找到遇难者尸体285具，尚有失踪者40人。恰卜恰、曲沟两乡和恰卜恰镇的13个村、38个国营集体单位受灾。其中遭受毁灭性灾害的单位13个；受灾农民、牧民、居民、职工群众521户，2 837人，摧毁和严重损坏房屋2 932间；毁坏农田1.37万亩，人畜饮水主管道35千米，水工建筑物405座，公路26.3千米，农灌渠道50千米，输电线路10多千米，公路桥梁3座，以及一些城镇基础设施、文教卫生设施；恰卜恰镇河西地区1.2万居民的自来水供水系统完全毁坏，直接经济损失达1.53亿元。

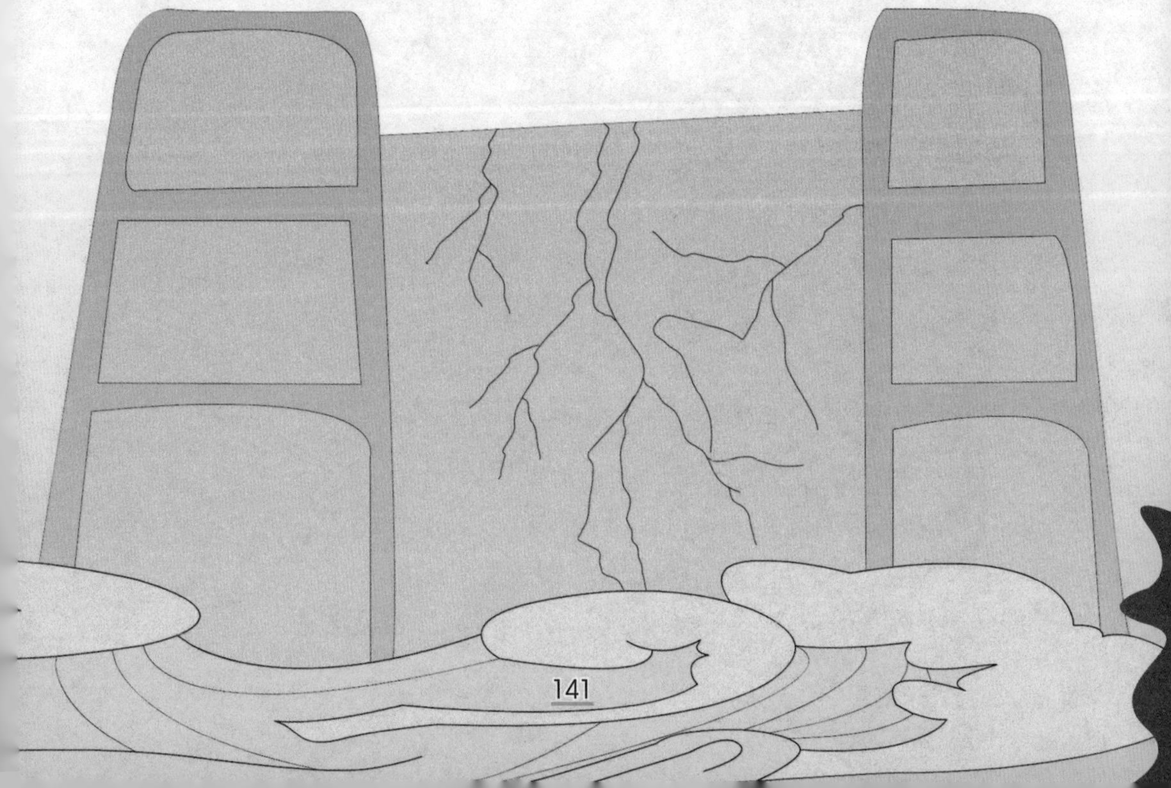

11.1996年海河洪水

1996年8月2~5日，河北省普降暴雨。由于暴雨强度大、时间集中，导致中南部太行山区山洪暴发，河水猛涨。滹沱河、滏阳河和漳河流域发生了1963年以来的最大洪水。洪水使部分河道控制水文站及大型水库的入库流量出现历史最大值，9座大型水库溢洪，300余座中小型水库溢流，宁晋泊、大陆泽、献县泛区和东淀4个蓄滞洪区被迫启动滞洪。

据统计，河北省91个县（市）、1 030个乡（镇）、15 900个村庄受灾，受灾人口1 691万，被洪水围困人员181.88万人，损坏房屋131万间，倒塌房屋77.4万间，因灾死亡596人，直接经济损失达456.3亿元。

12.1998年长江洪水

1998年6~8月，长江流域大部分地区频降大雨、暴雨和大暴雨，局部降特大暴雨。3个月内，长江上游、中游和下游大部分地区的总降水量达600~900毫米，沿江及江南部分地区超过1 000毫米，降水量较常年同期偏多6成以上。尽管1998年夏季长江流域的总降水量不及1954年，但长江干流不少地段的最高水位超过了1954年，而且高水位持续时间更长，危害更大。持续的暴雨或大暴雨，造成山洪暴发，江河洪水泛滥，堤防、围垸漫溃，外洪内涝及局部地区山体滑坡、泥石流，给上述地区造成了严重的损失。当时武汉市7月21~23日降特大暴雨，导致武汉三镇一片汪洋，被淹面积46平方千米，占城区总面积的1／5，渍水1.3亿立方米，相当于一个半东湖的容量。城区1 183户工业企业停产、半停产509户，郊区县农作物2／3被淹，177多万人、15.5多万公顷农田受灾，市政、交通、通信、电力等设备损毁严重。暴雨致使鹰厦、浙赣、京九铁路一度中断运营。据不完全统计，受灾人口超过1亿人，受灾农作物1 000多万公顷，死亡1 800多人，伤（病）100多万人，倒塌房屋430多万间，损毁房屋800多万间，经济损失达1 500多亿元。

13.1998年松辽洪水

1998年6月上旬至8月中旬，受东北冷涡影响，嫩江流域降水量明显偏多，嫩江上游地区发生4次强降雨过程，形成嫩江流域、松花江干流特大洪水。嫩江、松花江长时间维持洪水高水位，嫩江干流齐齐哈尔站持续时间长达61天，松花江干流哈尔滨站持续时间长达50天，持续性高水位给沿江地区造成了巨大损失。据统计，此次洪涝灾害造成黑龙江、吉林、内蒙古等3省（区）1 335万人受灾，农作物受灾面积7 245万亩，倒塌房屋175万间，因灾死亡156人，直接经济损失达517亿元。

14.2006年强热带风暴“碧利斯”引发洪灾

2006年7月14日12时50分，200604号强热带风暴“碧利斯”在福建霞浦登陆。登陆后强度维持8级风力以上的时间长达31个小时，深入内陆直接影响9省（自治区）长达120个小时，是历史上在我国登陆并深入内陆维持时间最长的强热带风暴。受其影响，7月13~18日，我国江南大部、华南大部和西南东部出现了大范围持续强降雨。受持续强降雨的影响，湖南湘江上中游干流发生了有实测纪录以来的第2大洪水，广东北江发生了有实测纪录以来最大流量的大洪水，支流武江发生了超历史纪录的大洪水，福建诏安东溪发生了超历史纪录的大洪水。强热带风暴造成风、雨、洪、涝、滑坡、泥石流多灾并发的局面。京广铁路、京珠高速公路、106和107公路等多条重要交通干线一度中断，全国还有近30个机场临时关闭，100多个航班取消飞行，大量水利、交通、通信、电力设施损毁。湖南湘江干流堤防出现险情134处，70余座水库不同程度地出险，湖南郴州发生特大山洪灾害；广东有16个县级以上城区受淹，乐昌、韶关等市区最大水深达5米多，被洪水围困群众多达173万人，福建相继发生250多起山洪灾害。此次洪涝灾害农作物受灾面积134.66万公顷，其中成灾72.85万公顷，受灾人口2 955.4万人，因灾死亡843人，倒塌房屋27.8万间，直接经济损失351亿元。

15.2007年济南特大暴雨灾害

2007年7月18日15时~19日2时，受北方冷空气和强西南暖湿气流的共同影响，山东省济南市自北向南发生了一场强降雨过程，市区1小时最大降雨量151.0毫米，为1951年有气象纪录以来的最大值。此次特大暴雨造成市区道路毁坏1.4万平方米，140多家工商企业进水受淹，其中近1万平方米的地下商铺，在不到20分钟的时间内积水深达1.5米。全市33.3万人受灾，因灾死亡37人，失踪4人，倒塌房屋2 000多间，市区内受损车辆802辆，直接经济损失达13.20亿元。

16.2010年舟曲特大泥石流灾害

2010年8月7日23时左右，甘肃省舟曲县城东北部突降特大暴雨。暴雨持续40多分钟，降雨量97毫米，引发白龙江左岸的三眼峪、罗家峪等四条沟发生特大山洪地质灾害。宽500米、长5 000米的区域被平均厚度5米、总体积750万立方米的泥石流夷为平地。泥石流涌入舟曲县城，冲毁楼房20余栋，冲积物堆积在县城下段的瓦厂桥桥洞处，导致大量建材和泥石流堆积在三眼峪入江口以下至瓦厂桥约1 000米长的江道内，堆积体厚约9米，阻断白龙江，形成堰塞湖。受堰塞湖影响，县城多条街道受淹，最深处约10米。此次泥石流灾害造成舟曲2个乡镇、13个行政村4 496户20 227人受灾，因灾死亡1 501人，失踪264人。其中三眼村、月圆村、春场村基本被冲毁。白龙江县城中段被泥石流堆积物淤满，江水高出河堤3米左右，县城沿江建筑一层均被淹没，北山一带及学校等场地积水和泥沙厚度2~3米。

17.2010年广州城市暴雨内涝灾害

2010年5月6~7日，广州市遭遇特大暴雨袭击。全市平均降雨107.7毫米，市区平均降雨128.45毫米，中心城区和北部地区均超过特大暴雨标准。五山雨量站1小时最大雨量和3小时连续降雨量分别为99.1毫米和199.5毫米，均超过广州市1小时最大雨量（90.5毫米）和3小时最强降雨（141.5毫米）的历史纪录。广州市自有预警信号以来首次发布全市性暴雨红色预警信号。受暴雨影响，广州市越秀、海珠、荔湾、天河、白云、黄埔、花都和萝岗8个区（县）、102个镇（街）、3.22万人受灾，因灾死亡6人。中心城区118处地段出现内涝水浸，其中44处水浸情况较为严重。农作物受灾面积17 120公顷，全市直接经济总损失达5.44亿元。

内涝

18.1963年意大利瓦依昂水库滑坡

瓦依昂水库是意大利北部阿尔卑斯山修建的抽蓄发电站系列水库之一，设计水位722.5米，库容1.5亿立方米。大坝建在纵向谷的近水平岩层之上，坝高267米，是当年世界最高的双曲薄拱坝。瓦依昂水库大坝始建于1956年，1960年9月建成，1960年2月开始蓄水。1963年10月9日22时38分（格林威治时间），左岸托克山山体突然以高达25~30米每秒的速度沿层面下滑，约2.7亿立方米的岩土向北滑动了500米，滑入水库并推至对岸。掀起的库水高出坝顶125米，约2 500万立方米的库水宣泄而下，摧毁了下游数公里内的多个村镇，造成2 000余人丧生。

19.2002年欧洲洪水

2002年8月上旬，英国东侧北海形成一个低气压，一改往常向西北方向移动的规律，一路南下到了意大利的热那亚湾上空，吸足了地中海的水汽。由于受到撒哈拉—巴尔干地区上空高气压的阻拦，这颗危险的“水炸弹”弹头向东，经过阿尔卑斯东麓再北上，驻留在易北河流域的上空，形成了气象专家最为担心的天气条件，随后一场大范围的降雨，导致易北河、多瑙河流域发生了百年不遇的特大洪水。

在此次洪水灾害中，以俄罗斯的死伤最严重，死亡人数达59人，仅黑海度假区就有4 000多名游客受困，30辆汽车和巴士沉入海底。德国东南部遭遇50年来罕见水灾，死亡人数12人，上万人受困。巴伐利亚7个区宣布进入紧急状态。多瑙河水位达10.82米，创百年最高。捷克首都布拉格也遭遇了百年来最为严重的洪涝灾害，造成至少9人死亡。奥地利也化为一片泽国。此外，洪水、冰雹和龙卷风，使南欧的罗马尼亚近一半地区受灾，造成11人死亡，数十人受伤。

20.2005年“卡特里娜”飓风引发洪灾

2005年8月底，来自加勒比海的“卡特里娜”飓风在美国佛罗里达州东南部登陆，五级飓风引发了高能量的风暴潮，由此产生的狂风巨浪冲毁了多处防护堤，使美国7个州遭受洪水灾害，路易斯安那州、密西西比州和亚拉巴马州受灾最严重。“卡特里娜”飓风在美国造成巨大的经济损失和惨重的人员伤亡，被列为美国历史上最严重的十大自然灾害之一。

路易斯安那州的新奥尔良市在此次灾难中遭到了毁灭性打击。飓风引发的风暴潮冲毁了新奥尔良市的众多防洪堤，大多数堤防和防洪墙由于风暴潮越过堤顶，产生漫溢，并侵蚀了堤体，导致决口。其中，风暴潮冲毁了新奥尔良第17街运河的防洪堤，其决口宽约61米，由于该运河与庞恰特雷恩湖贯通，湖水涌入新奥尔良东岸区低地，造成城区严重的大面积洪水泛滥。由于多处堤防漫顶、决口，新奥尔良市80%的区域被淹没，其中包括两个机场，有些地方水深高达6米多。飓风所到之处，许多树木被连根拔起，不少街道标志牌被吹倒，一些船只被从河中抛到岸上；很多房屋被毁坏，并

造成数以万计的房屋被淹和数百万家庭断电；道路及一些高速公路的桥梁被淹没。在新奥尔良市，人们在被洪水淹没的街道上跋涉，许多人被洪水围困在屋顶上或倒塌的房屋中，苦苦等候救援，由于救护船和救护车忙于救护生者，漂浮的尸体时可见到。同时，新奥尔良出现了无政府主义的混乱局面，发生多起抢劫、盗窃、纵火和暴力冲突事件。

截至2005年9月底，受飓风影响死亡的人数达1 209人，仅路易斯安那州就有700多人死亡，经济损失达1 000亿~2 000亿美元。